高超声速飞行器反作用控制系统技术

宋佳 著

北京航空航天大学出版社

内 容 简 介

高超声速飞行器技术是航空航天领域的前沿技术,而反作用控制系统(Reaction Control System, RCS)在高超声速飞行器的再入过程中起着重要作用,决定了高超声速飞行器的弹道实现与稳定飞行。本书全面介绍了高超声速飞行器再入反作用控制系统技术。针对上述系统,第 1 章简述了基本原理和研究现状;第 2 章建立了系统模型;第 3 章进一步构建了故障模型;第 4 章介绍了数据驱动的故障诊断方法;第 5 章阐述了控制分配方法;第 6 章论述了分数阶自抗扰容错控制算法;第 7 章介绍了调制方法;第 8 章阐明了以节约消耗为目标的布局优化方法,以及降低冗余度的降额方法。

本书是一部全面介绍高超声速飞行器反作用控制系统技术的专著,系统地介绍了反作用控制系统技术,并研究了高超声速飞行器再入反作用控制系统的故障诊断与容错控制方法。本书叙述完整,内容翔实丰富,涵盖反作用控制技术领域内的最新研究成果,适合航空航天专业本科生和研究生阅读,同时也可供高超声速技术研究人员阅读参考。

图书在版编目(CIP)数据

高超声速飞行器反作用控制系统技术 / 宋佳著. --
北京 : 北京航空航天大学出版社,2022.1
ISBN 978 - 7 - 5124 - 3681 - 7

Ⅰ. ①高… Ⅱ. ①宋… Ⅲ. ①高超音速飞行器—飞行控制—研究 Ⅳ. ①V47

中国版本图书馆 CIP 数据核字(2021)第 274754 号

高超声速飞行器反作用控制系统技术
宋 佳 著
策划编辑 蔡 喆 李 慧 责任编辑 金友泉
*
北京航空航天大学出版社出版发行

北京市海淀区学院路 37 号(邮编 100191) http://www.buaapress.com.cn
发行部电话:(010)82317024 传真:(010)82328026
读者信箱:goodtextbook@126.com 邮购电话:(010)82316936
北京建宏印刷有限公司印装 各地书店经销
*
开本:710×1 000 1/16 印张:12.25 字数:261 千字
2022 年 1 月第 1 版 2022 年 1 月第 1 次印刷 印数:1 000 册
ISBN 978 - 7 - 5124 - 3681 - 7 定价:99.00 元

前　言

　　高超声速飞行器(Hypersonic Vehicle,HV)一般是指飞行马赫数大于 5、以吸气式发动机或组合发动机为主要动力、能在大气层和跨大气层中远程飞行的飞行器,其应用形式包括高超声速巡航导弹、高超声速有/无人飞机、空天飞机和空天导弹等多种飞行器[1]。由于其飞行速度高、飞行包络广、机动性强,其军事价值越来越受到国内外各军事大国的关注和重视[2]。因此,高超声速飞行器成为各大国竞相发展的热点。高超声速飞行器从发射到返回地面一共要经历 5 个阶段,包括:起飞上升段、制动段、轨道巡航飞行段、再入滑翔段和返回降落段。其中,再入滑翔段是指从大气层外无动力滑翔进入大气层内的阶段,飞行空域的海拔高度在 $20 \sim 100$ km[3-4]。然而,高超声速飞行器在再入飞行过程中具有强非线性、强耦合性、由气动参数剧烈变化引起不确定性等特点,对飞行安全性与可靠性提出了更高的要求[5-7]。

　　在高超声速飞行器的再入滑翔段,由于空气稀薄,气动舵面效率降低,需要采用反作用控制系统(Reaction Control System,RCS)来进行姿态稳定控制。RCS 的执行器为一组推力器,利用横向喷流产生反作用推力。在高超声速飞行器再入滑翔段,RCS 对于维持姿态稳定起到了至关重要的作用。提高 RCS 的稳定性与抗故障鲁棒性是一项重要的控制系统设计任务。RCS 在运行过程中可能发生多种故障,因此进行稀薄大气层内的 RCS 研究,对于高超声速飞行器的安全稳定飞行具有十分重要的意义,也逐渐成为研究的热点。

　　本书针对再入滑翔段高超声速飞行器 RCS 的特点,结合工程实践,围绕高超声速飞行器冗余配置下 RCS 设计过程中所面临的问题,全面阐述了高超声速飞行器 RCS 的建模与分析、RCS 故障建模与分析、故障诊断系统设计、RCS 控制分配系统设计以及分数阶自抗扰容错控制等方面的研究工作。同时根据 RCS 的实际工程需求,对 RCS 的调制系统进行了设计,并进行了 RCS 的配置优化设计。

　　全书共 8 章。第 1 章介绍了国内外高超声速飞行器 RCS 的研究现状;第 2 章和第 3 章分别进行了高超声速飞行器 RCS 以及 RCS 故障的建模与分析;第 4 章进行了基于数据驱动核极限学习机的 RCS 故障诊断方法设计;第 5 章研究了冗余配置下

RCS 的控制分配算法;第 6 章全面介绍了高超声速飞行器 RCS 分数阶自抗扰容错控制算法的设计过程;第 7 章进行了 RCS 调制的优化设计;第 8 章对 RCS 进行了以节约燃耗为目标的布局优化设计,以及降低冗余度的 RCS 降额设计。

感谢高科、赵鸣飞、艾绍洁、赵凯、罗雨歇、卞李坤、张严雪、孙明明、郝策、苏江城、尚维泽、徐小蔚、胡云龙和童心迪在本书的编写、校对中所做的工作和给予的支持。由于书中内容涉及面广,限于作者水平,书中存在的错误、疏漏或不妥之处,敬请读者批评指正,并将修改意见反馈给我们。作者邮箱:songjia@buaa.edu.cn。

作　者

2021 年 5 月

目　　录

第 1 章

绪 论

1.1 高超声速飞行器及反作用控制系统

高超声速飞行器在距地面 20～100 km 的空域中进行大范围的跨空域飞行,其飞行高度处于现有飞机的最高飞行高度和卫星的最低轨道高度之间。高超声速飞行器的飞行速度高于 5 倍声速,即 5 马赫以上或超过 6 000 千米/小时。其飞行速度极快,升阻比高,突防能力强,机动性强,可以全天候、全时域地进行高空侦察和高速突防,具有很高的军事和民用价值。

高超声速飞行器在进行跨空域飞行时,会采用反作用控制系统(Reaction Control System,RCS)进行飞行器姿态控制。RCS 采用的推力器利用横向喷流产生反作用推力。在高超声速飞行器再入滑翔段初期,环境中空气稀薄且密度较低,传统气动舵面操纵的效率很低甚至失效,无法单独提供足够的控制力矩。此时,需要 RCS 来提供力矩维持飞行器的姿态稳定。在飞行器再入滑翔段的中后期,随着飞行高度不断降低,动压不断提高,空气舵面将会逐渐成为执行机构的主导,直至最后完全利用空气舵来提供足够的姿态控制力矩。因此,RCS 对于维持高超声速飞行器再入滑翔段姿态稳定起到了至关重要的作用,提高 RCS 的稳定性与抗故障鲁棒性是亟待解决的问题。RCS 在运行过程中也会发生多种故障,因此研究稀薄大气层内的反作用控制系统的控制分配方法和容错重构方法,对于高超声速飞行器的安全飞行具有十分重要的意义,这也逐渐成为研究的热点内容。

RCS 使用的推力器可能发生的故障主要包括开机故障、关机故障、开机延时故障、推力降低以及推力器接线错误等。由此,研究 RCS 的控制分配问题的目标表述:在保证燃料消耗最低或分配误差最小的情况下,确定冗余的 RCS 推力器的使用安排以实现控制器计算的三轴指令力矩。在单推力器甚至多推力器发生故障的情况下,完成控制分配方法的容错重构,就是急需研究、亟待解决的问题。

1.2 国内外高超声速飞行器反作用控制系统发展现状

RCS 的执行器为一组推力器,利用横向喷流产生反作用推力。为了保证高超声速飞行器可靠、安全地运行,RCS 一般采用硬件冗余配置,配置远超出系统自由度数量的推力器来保证在推力器故障的情况下飞行器依然能够正常飞行。配置的推力器一般采用 8 或 10 推力器布局,甚至还有采用多达几十个小型姿态控制推力器的布局。

俄罗斯发射的"东方号"载人飞船采用冷氮气推力系统作为姿态控制系统的执行机构,"联盟号"飞船采用过氧化氢单组元推进剂姿态控制分系统。美国"阿波罗"载人飞船则采用液体双组元系统作为姿态执行机构。

在高超声速飞行器的应用方面,日本的"HYTEX"飞行器所采用的 RCS 包括两个部分,一部分是用于研究推力器的外流与喷流影响,另外一部分包含 6 个喷气推力器,用于控制飞行器姿态。美国国防高级研究计划局(Defense Advanced Research Projects Agency,DARPA)研制的猎鹰 HTV - 2 超声速飞机(Falcon Hypersonic Technology Vehicle 2,HTV - 2)采用 4 喷管布局的 RCS 辅助飞行器体襟翼以保持飞行稳定。俄罗斯"联盟号"飞船共配置 27 套推力器,其中包括 1 台 2 940 N 的轨道控制推力器、14 台推力为 130 N 的大姿态控制推力器和 12 台推力为 26 N 的小姿态控制推力器。"进步号"货运飞船配置 29 台推力器,在"联盟号"的配置基础上增加了 2 台小姿态控制发动机。欧洲航天局,简称"欧空局"(European Space Agency,ESA)的自由转移飞行器(Automated Transfer Vehicle,ATV)货运飞船共安装了 4 台 490 N 的轨道控制推力器和 28 台 220 N 的姿态控制推力器。日本的 H - Ⅱ运载飞船(H - Ⅱ Transfer Vehicle,HTV)的主推进系统包含 4 台 490 N 发动机和 28 台 110 N 姿态控制发动机,姿态控制发动机中有 16 个安装在推进舱外壁上,有 12 个安装在加压货舱的外壁上。"神舟五号"载人飞船更是配置了多达 52 台推力器,其中轨道舱尾部有 4 组小的推进发动机,每组 4 个,为飞船提供辅助推力和轨道舱分离后继续保持轨道运动的动力。推进舱的尾部是飞船的推进系统,主推进系统由 4 个大型主发动机组成,安装在推进舱的底部正中。推进舱侧裙内四周分别布置有 4 对用于姿态纠正的小推进器。此外,推进舱侧裙外还布置有辅助用小型推进器。美国 X - 37B 轨道试验飞行器(X - 37B orbiter,X - 37B)在尾部安装了 2 个主发动机,使用肼燃料,通过短暂工作可以实现大范围的机动变轨。在机头两侧和上方分别安装了 6 个机动变轨推进器,机身后段两侧也安装了 20 个机动变轨推进器。借助这些 RCS 可实现轨道位置的精确调整和推力大小与方向的精确控制。美国 X - 34 技术验证机采用了 10 推力器的布局方案。另外,文献[8]中提出了一种 8 推力器布局。

世界主要型号飞行器 RCS 推力器安装配置在表 1-1 中列出,其中,"哥伦比亚号"航天飞机的 RCS 基本性能参数如表 1-2 所列[9]。

表 1-1　飞行器姿态控制推力器安装配置

飞行器	姿态控制推力器配置
俄罗斯联盟号飞船	14 台 130 N 大姿态控制推力器 12 台 26 N 小姿态控制推力器
欧空局 ATV 货运飞行器	28 台 220 N 姿态控制推力器
"进步号"货运飞船	14 台 130 N 大姿态控制推力器 14 台 26 N 小姿态控制推力器
日本 H-Ⅱ运载飞船	28 台 110 N 姿态控制推力器
美国 X-34 技术验证机	两侧 10 推力器
美国 X-33 试验航天器	10 推力器
"神舟"5 号载人飞船	4 组每组 4 个小轨控推进器,4 个大型主发动机,4 对小姿态控制推力器,还有辅助用的小型推进器
"哥伦比亚号"航天飞机	3 套独立的 RCS,前 RCS 由 14 个主推进器和 2 个微调推进器组成,2 个对称安装的后 RCS 各由 12 个主推进器和 2 个微调推进器组成

表 1-2　"哥伦比亚号"航天飞机的 RCS 基本性能

参数名称	主推进器参数值	微调推进器参数值
标称推力/N	3 870	106
重复使用次数	7 100	7 100
起动次数	50 000	50 000
0%～90%推力反应延迟/s	0.05	0.02
100%～10%反应延迟/s	0.02	0.02
稳态模式工作时间/s	1～150	1～125
总工作时间/s	20 000	20 000
最大连续工作时间/s	500	1 500

图 1-1 为 X-34 飞行器 RCS 位置图,图 1-2 为 HTV 飞行器 RCS 位置图。

过多的推力器及其携带的燃料会增加高超声速飞行器的质量,降低飞行器的载荷量。同时,随着燃料的消耗,飞行器的质量变化和质心变化也会更加剧烈。所以,过量的推力器配置反而不利于飞行器的稳定安全飞行,也对控制系统的鲁棒性提出了很高的要求。因此,基于高速飞行器系统对轻量化、低成本、燃料节约的需求,对飞

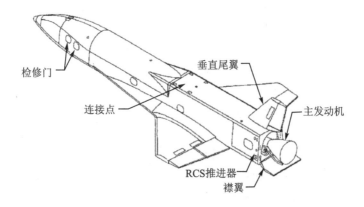

检修门

连接点

垂直尾翼

主发动机

RCS推进器

襟翼

图 1 - 1 X - 34 飞行器 RCS

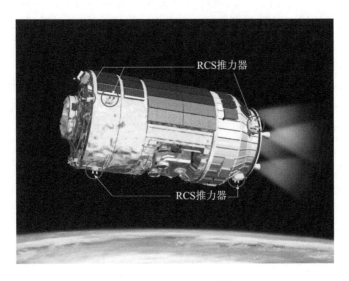

RCS推力器

RCS推力器

图 1 - 2 HTV RCS 位置

行器 RCS 的配置进行优化,从而达到降低燃耗、减少推力器数量的目的,是一项非常重要且具有现实应用意义的研究。

| 1.3   章节内容提要 |

RCS 研究对于高超声速飞行器的再入滑翔段的安全稳定飞行具有十分重要的意义。本书面向高超声速飞行器 RCS,从 RCS 的建模与分析、故障诊断、控制分配和容错控制等方面进行了较为深入的研究。

本书共 8 章。本章为第 1 章绪论部分,除第 1 章外后续章节内容提要如下:主要介绍了高超声速飞行器 RCS 的基本概念和国内外高超声速飞行器 RCS 的研究现状与发展历程。除第 1 章外,后续章节内容提要如下:

第 2 章为高超声速飞行器 RCS 的建模设计,给出了高超声速飞行器 RCS 的模型和相关参数,搭建了飞行器非线性动力学模型,并进行零输入响应动力学特性分析。为接下来的控制方法设计研究建立了基础。

第 3 章进行了 RCS 故障的建模与分析,主要针对 RCS 推力器延迟、单推力器推力完全失效和单推力器推力降低这 3 种故障进行故障模式分析。

第 4 章进行了基于数据驱动核极限学习机的 RCS 故障诊断方法设计。对基于小波包分解的特征提取算法和核极限学习机分类原理进行了研究,介绍了核极限学习机并进行了参数优化和核函数优化。

第 5 章研究了冗余配置下 RCS 的控制分配算法。设计了链式递增式(Daisy-chain)融合执行器控制分配方法、最优查表法及其对多推力器故障的容错重构算法。提出了一种能节省燃料且能保证实时性的固定推力器开启数的改进再分配伪逆法。

第 6 章全面介绍了高超声速飞行器 RCS 分数阶自抗扰容错控制算法的设计过程。分析了执行器环节对控制器设计和参数整定的影响,针对分数阶自抗扰控制器参数优化问题,提出了一种基于频域分析的分数阶自抗扰控制器参数优化方法。

第 7 章进行了 RCS 调制的优化设计。完成了脉宽脉频调制方式(Pulse-Width Pulse-Frequency,PWPF)在高超声速飞行器 RCS 中的控制结构设计,提出了一种自适应阻尼补偿 PWPF 调制改进方法和三种变阻尼的优化方案。

第 8 章对 RCS 进行了以节约燃耗为目标的布局优化设计,完成了 3、4、5、6 推力器布局 RCS 的分析。

第 2 章
高超声速飞行器反作用控制系统模型

本章在借鉴国内外公开发表的文献资料的基础上,研究了一类具有三角形机翼、单垂直尾翼的有翼圆锥体高超声速飞行器。考虑到再入初期大气稀薄,气动舵效率不足,设计了 RCS,并与气动舵配合完成再入飞行姿态控制。本章将介绍高超声速飞行器再入过程中六自由度数学模型和 RCS 数学模型,并对高超声速飞行器再入过程中的动力学特性和系统开环特性进行分析。此外,通过小扰动线性化的方法,给出了高超声速飞行器再入姿态运动数学模型,以此作为全书容错控制器设计研究的被控对象模型基础。

| 2.1　高超声速飞行器数学模型及其 RCS 数学模型 |

2.1.1　高超声速飞行器数学模型

　　本书以 NASA Langley 研究中心公开发布的具有详细相关资料的 Winged - Cone 模型为基础,参考文献[10,11,12]综合构建了一种三角形机翼、单垂直尾翼的有翼圆锥体再入滑翔式高超声速飞行器模型。该模型几何外形如图 2-1 所示,该图具有三角形机翼、单垂直尾翼和可独立工作的左右升降舵构型。飞行器主要外形尺寸及数据如表 2-1 所列。

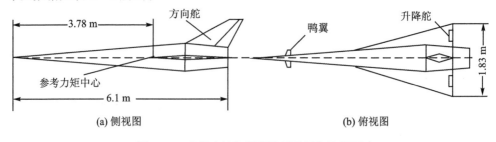

图 2-1　高超声速飞行器的侧视图和俯视图

表 2-1　飞行器主要外形尺寸及数据

参数名称	参数值	参数名称	参数值	参数名称	参数值
机体总质量 m/kg	1 250	机翼参考面积 S/m^2	3.35	惯性矩 I_{xx}/(kg·m^2)	156
机身总长/m	6.1	平均气动弦长 c/m	2.44	惯性矩 I_{yy}/(kg·m^2)	1 162
翼展 b/m	1.83	参考力矩中心到前缘的距离/m	3.78	惯性矩 I_{zz}/(kg·m^2)	1 267

　　假设高超声速飞行器无动力再入,发动机推力为零,则在再入飞行过程中高超声速飞行器只受到重力、空气动力和 RCS 推力器推力的作用。高超声速飞行器的气动舵面包括左右升降舵和方向舵。三个舵面的动作将改变作用于飞行器的气动力和气动力矩,进而改变飞行器的飞行姿态。改变方向舵偏角 δ_r 可以实现偏航方向的运动控制。通过左升降舵 δ_e 和右升降舵 δ_a 的配合动作能够完成俯仰通道和滚转通道的运动。本书规定 δ_e 和 δ_a 下偏为负,上偏为正,δ_r 左偏为负,右偏为正,并且由 $-30° \leqslant \delta_r,\delta_e,\delta_a \leqslant 30°$[13] 约束。高超声速飞行器由于再入初期气动舵面效率不足,需要 RCS 推力器的动作提供控制力矩来进行姿态控制,气动舵面和 RCS 配合完成飞行姿态控制。

2.1.2　高超声速飞行器 RCS 数学模型

　　RCS 中的喷气推力器主要有变推力推进器和恒推力开关型推进器。变推力推进器工作时需要进行流量控制,容易造成喷口的污染,可靠性低,开关速度慢,实际中难以应用。当前在工程中主要使用的是开关型推进器,有推力为恒值的优点。所以,本书 RCS 采用恒定推力的开关型推进器。

　　推进器的不同安装角度和位置会产生不同的推力和力矩。多个喷口组合使用可以提供三轴的力矩。本书中 RCS 采用 8 喷管推力器模型,设定如下:8 个喷管整体上呈 8 个方向分布,编号为 1、2、3、4 号的喷管分别安装在 S、W、N、E 这 4 个方向,编号为 5、6、7、8 号的喷管分别安装在 WS、WN、EN、ES 这 4 个方向。推力器截面到重心的长度为 l_r,l_r 取 2.198 m。推力器距机体坐标系 x_b 轴的距离为 d,d 取 0.2 m。推力器与机体坐标系平面 Ox_bz_b 的夹角为 θ_r,θ_r 取 45°。RCS 推力器推力设定值恒为 2 000 N。反作用推力器安装方式如图 2-2 和图 2-3 所示。

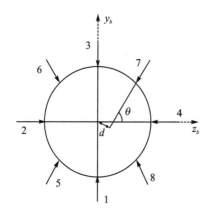

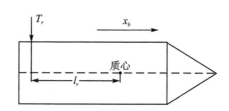

图 2 - 2 RCS 推力器布局　　　　　图 2 - 3 RCS 推力器纵向位置

由于 RCS 推力器是开关型的,因此通过控制推力器开关的不同组合可产生各种不同的推力总合力。相似的 RCS 所产生的三个体轴方向上的总合力分别用 T_{rx}、T_{ry}、T_{rz} 表示,产生的滚转、偏航和俯仰力矩分别用 l_{Tr}、m_{Tr}、n_{Tr} 表示。

2.2　高超声速飞行器非线性动力学模型

2.2.1　基本假设

① 将高超声速飞行器视作理想刚体,建模过程中忽略机翼、机体和舵面的弹性自由度。

② 忽略飞行器 RCS 推力器中燃料的晃动,操作面的转动惯量忽略不计。

③ 考虑到再入过程中 RCS 燃料的消耗较小,假定高超声速飞行器在再入飞行过程中的质量和转动惯量不变。

④ 假设飞行器几何外形和内部质量对称分布,飞行器关于机体轴 Ox_by_b 平面呈现出面对称状态,质心位置在飞行器机体坐标系 x_b 轴上,惯性积 $I_{xy}=I_{yz}=I_{xz}=0$。

⑤ 假设大气相对地球是静止不动,而且同一高度的空气密度相同。仿真用大气模型采用《北半球标准大气模型》(GJB 365.1—1987)。

⑥ 假设地球为圆球形,并忽略地球自转对飞行器建模的影响。

2.2.2　常用坐标系定义

建立高超声速飞行器模型之前的坐标系的选择非常关键。不同坐标系下建立的数学模型存在多种形式,各种模型具有不同复杂度,所以坐标系的选取最终决定了模型解算的难易程度。因此要尽可能地选取既符合飞行器运动规律又使得模型方程相对简单的坐标系。本书根据相关资料所选取的坐标系如图 2 - 4 所示[14]。

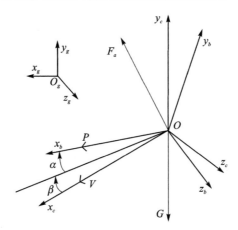

图 2 - 4　飞行器相关坐标系

图中：P 为推力,这里等于 0；F_a 为空气动力；V 为速度；G 为飞行器所受的重力；α 为攻角；β 为侧滑角。各个坐标系定义如下：

① 发射坐标系 $O_g x_g y_g z_g$。飞行器的发射点为原点 O_g,$O_g y_g$ 轴指向天且垂直于地面；$O_g x_g$ 轴为飞行器发射方向,且与 $O_g y_g$ 轴垂直；$O_g z_g$ 与 $O_g y_g$ 和 $O_g x_g$ 共同构成右手系。

② 机体坐标系 $O x_b y_b z_b$。飞行器质心为原点 O,高超声速飞行器纵轴机头方向为 $O x_b$ 轴正方向,$O y_b$ 轴在高超声速飞行器对称平面内,正方向为垂直于 $O x_b$ 轴向上,$O x_b$,$O y_b$ 和 $O z_b$ 轴构成右手系。

③ 速度坐标系 $O x_c y_c z_c$。飞行器质心作为原点 O,高超声速飞行器速度矢量 V 的方向为轴 $O x_c$ 的正方向,$O y_c$ 轴在高超声速飞行器对称平面内,正方向为垂直于 $O x_c$ 轴向上, $O x_c$,$O y_c$ 和 $O z_c$ 轴构成右手系。

以上坐标系建立完成后,将 RCS 推力器产生的推力分解到速度坐标系。根据速度坐标系和弹体坐标系的定义,$O y_c$ 和 $O y_b$ 轴均在飞行器的纵向对称面内,两个坐标系之间的关系可以由攻角 α 和侧滑角 β 两个角度确定。因此,速度坐标系与弹体坐标系的相互转换关系和相应的转换矩阵可以通过两次旋转获得。以速度坐标系为基准,首先绕 $O y_c$ 轴旋转 β 角度,然后绕 $O z_b$ 旋转 α 角度,最终得到飞行器姿态在弹体坐标系中的表示。速度坐标系 $O x_c y_c z_c$ 与弹体坐标系 $O x_b y_b z_b$ 的关系以矩阵形式表示为

$$\begin{bmatrix} x_c \\ y_c \\ z_c \end{bmatrix} = \boldsymbol{L}^{\mathrm{T}}(\alpha, \beta) \begin{bmatrix} x_b \\ y_b \\ z_b \end{bmatrix} \tag{2.1}$$

式中，

$$L(\alpha,\beta) = \begin{bmatrix} \cos\alpha\cos\beta & \sin\alpha & -\cos\alpha\sin\beta \\ -\sin\alpha\cos\beta & \cos\alpha & \sin\alpha\sin\beta \\ \sin\beta & 0 & \cos\beta \end{bmatrix} \qquad (2.2)$$

RCS 所产生的三个体轴方向上的总合力分别用 T_{rx}, T_{ry}, T_{rz} 表示，将其分解到速度坐标系中三个坐标轴上，三个坐标轴上的力分别用 D_{Tr}, L_{Tr}, Z_{Tr} 表示，则

$$\begin{bmatrix} D_{Tr} \\ L_{Tr} \\ Z_{Tr} \end{bmatrix} = L^{\mathrm{T}}(\alpha,\beta) \begin{bmatrix} T_{rx} \\ T_{ry} \\ T_{rz} \end{bmatrix} \qquad (2.3)$$

高超声速飞行器所变合力由气动力和 RCS 推力器推力组成，合力产生的阻力 D、升力 L、侧向力 Z 与飞行器所受气动阻力 D_A、升力 L_A 和侧向力 Z_A 之间的关系可表示为

$$\begin{cases} D = D_A - D_{Tr} \\ L = L_A + L_{Tr} \\ Z = Z_A + Z_{Tr} \end{cases} \qquad (2.4)$$

2.2.3 非线性动力学模型

根据所选择的坐系及飞行器的运动模态，参考文献[15,16]中所描述的飞行器的运动学方程，采用如下 12 个非线性微分方程来描述其再入过程无动力运动，即

$$\dot{x} = V\cos\theta\cos\psi_c \qquad (2.5)$$

$$\dot{y} = V\sin\theta \qquad (2.6)$$

$$\dot{z} = -V\cos\theta\sin\psi_c \qquad (2.7)$$

$$\dot{V} = -\frac{D}{m} + \frac{g}{r}(x\cos\psi_c\cos\theta + (y+R)\sin\theta - z\sin\psi_c\cos\theta) \qquad (2.8)$$

$$\dot{\theta} = \frac{L\cos\gamma_c - Z\sin\gamma_c}{mV\cos\psi_c} + \frac{g}{rV\cos\psi_c}(-x\cos\psi_c\sin\theta + (y+R)\cos\theta + z\sin\psi_c\sin\theta) \qquad (2.9)$$

$$\dot{\psi}_c = -\frac{L\sin\gamma_c + Z\cos\gamma_c}{mV} - \frac{g}{rV}(x\sin\psi_c + z\cos\psi_c) \qquad (2.10)$$

$$\dot{\omega}_x = \frac{I_y - I_z}{I_x}\omega_y\omega_z + \frac{1}{I_x}(l_A + l_{ac}) \qquad (2.11)$$

$$\dot{\omega}_y = \frac{I_z - I_x}{I_y}\omega_x\omega_z + \frac{1}{I_y}(m_A + m_{ac}) \qquad (2.12)$$

$$\dot{\omega}_z = \frac{I_x - I_y}{I_z}\omega_x\omega_y + \frac{1}{I_z}(n_A + n_{ac}) \qquad (2.13)$$

$$\dot{\alpha} = \omega_z - \omega_x\cos\alpha\tan\beta + \omega_y\sin\alpha\tan\beta - \frac{1}{mV\cos\beta}(L + mg\cos\theta\cos\gamma_c) \qquad (2.14)$$

$$\dot{\beta} = \omega_x \sin \alpha + \omega_y \cos \alpha + \frac{1}{mV}(Z - mg \cos \theta \sin \gamma_c) \tag{2.15}$$

$$\dot{\gamma}_c = \omega_x \frac{\cos \alpha}{\cos \beta} - \omega_y \frac{\sin \alpha}{\cos \beta} + \frac{1}{mV}(L(\sin \theta \sin \gamma_c + \tan\beta)$$
$$+ Z \sin \theta \cos \gamma_c + mg \cos \theta \cos \gamma_c \tan\beta) \tag{2.16}$$

$$l_{ac} = l_{Tr} + l_{cs} \tag{2.17}$$

$$m_{ac} = m_{Tr} + m_{cs} \tag{2.18}$$

$$n_{ac} = n_{Tr} + n_{cs} \tag{2.19}$$

式中，x，y，z 分别为高超声速飞行器在惯性坐标系下的坐标；θ 和 ψ_c 分别为高超声速飞行器的飞行倾角和飞行偏角；h 为高超声速飞行器的飞行高度；g 为高超声速飞行器的当地重力加速度，其中 $g = g_0 \left(\dfrac{R}{R+h}\right)^2$，$g_0$ 为地球表面重力加速度的值；r 为高超声速飞行器的质心在地心惯性坐标系中的矢径；常量 R 为地球半径；ω_x，ω_y，ω_z 分别为高超声速飞行器的滚转、偏航和俯仰角速度，I_x，I_y，I_z 分别为高超声速飞行器的转动惯量；l_A，m_A，n_A 分别为高超声速飞行器受到的滚转、偏航和俯仰气动力矩，l_{ac}、m_{ac}、n_{ac} 表示飞行器受到的控制力矩，其中 l_{Tr}、m_{Tr}、n_{Tr} 表示 RCS 产生的控制力矩，l_{cs}、m_{cs}、n_{cs} 表示其它执行器产生的控制力矩；γ_c 为速度滚转角。

2.3　高超声速飞行器控制力和控制力矩

2.3.1　气动力和力矩

气动模型的准确性和可信度决定了飞行器的气动力和气动力矩的准确性，是整个飞行器控制系统的关键。将气动力和气动力矩拟合为多项式形式，气动力表示如下：

$$\begin{cases} L_A = C_L qS \\ D_A = C_D qS \\ Z_A = C_Z qS \end{cases} \tag{2.20}$$

式中，$q = 0.5\rho V^2$，代表动压；ρ 为大气密度；C_D，C_L，C_Z 分别代表阻力、升力和侧向力气动系数，拟合结果表示如下：

$$\begin{cases} C_L = C_{L,\alpha} + C_{L,\delta_a} + C_{L,\delta_e} \\ C_D = C_{D,\alpha} + C_{D,\delta_a} + C_{D,\delta_r} + C_{D,\delta_e} \\ C_Z = C_{Z,\beta}\beta + C_{Z,\delta_a} + C_{Z,\delta_r} + C_{Z,\delta_e} \end{cases} \tag{2.21}$$

三轴姿态力矩表示如下：

$$\begin{cases} l_A = C_l qbS \\ m_A = C_m qbS + X_{cg}Z \\ n_A = C_n qcS + X_{cg}(D\sin\alpha + L\cos\alpha) \end{cases} \quad (2.22)$$

其中，C_l、C_m、C_n 分别是滚转、偏航和俯仰力矩系数，拟合结果表示如下：

$$\begin{cases} C_l = C_{l,\beta}\beta + C_{l,\delta_a} + C_{l,\delta_r} + C_{l,\delta_e} + C_{l,p}\dfrac{\omega_x b}{2V} + C_{l,r}\dfrac{\omega_y b}{2V} \\ C_m = C_{m,\beta}\beta + C_{m\delta_a} + C_{m\delta_r} + C_{m\delta_e} + C_{m,p}\dfrac{\omega_x b}{2V} + C_{m,r}\dfrac{\omega_y b}{2V} \\ C_n = C_{n,a} + C_{n,\delta_a} + C_{n,\delta_r} + C_{n,\delta_e} + C_{n,q}\dfrac{\omega_z c}{2V} \end{cases} \quad (2.23)$$

由文献[11]可知，滚转力矩系数 C_l、偏航力矩系数 C_m 和俯仰力矩系数 C_n 均为角度和舵偏量的函数，三通道之间具有很强的耦合性。

2.3.2　反作用控制系统推力器推力和力矩

根据上述高超声速飞行器 RCS 推力器的 8 喷管安装方式及其相关参数，每个喷管能提供的力和力矩，分解到机体坐标轴上，如表 2-2 所列。

表 2-2　RCS 八喷管布局的三轴力与力矩

喷管编号	T_{rx}	T_{ry}	T_{rz}	l_{Tr}	m_{Tr}	n_{Tr}
1	0	F_1	0	0	0	$-F_1 l_r$
2	0	0	F_2	0	$F_2 l_r$	0
3	0	$-F_3$	0	0	0	$F_3 l_r$
4	0	0	$-F_4$	0	$-F_4 l_r$	0
5	0	$F_5\sin\theta_r$	$F_5\cos\theta_r$	$F_5 d$	$F_5 l_r\cos\theta_r$	$-F_5 l_r\sin\theta_r$
6	0	$-F_6\sin\theta_r$	$F_6\cos\theta_r$	$-F_6 d$	$F_6 l_r\cos\theta_r$	$F_6 l_r\sin\theta_r$
7	0	$-F_7\sin\theta_r$	$-F_7\cos\theta_r$	$F_7 d$	$-F_7 l_r\cos\theta_r$	$Fl_r\sin\theta_r$
8	0	$F_8\sin\theta_r$	$-F_8\cos\theta_r$	$-F_8 d$	$-F_8 l_r\cos\theta_r$	$-F_8 l_r\sin\theta_r$

表 2-2 中，1 号和 3 号喷管只产生俯仰控制力矩，2 号和 4 号喷管只产生偏航控制力矩，5、6、7、8 号喷管可同时产生 3 个通道的控制力矩。在由控制器根据当前飞行器姿态数据计算出控制指令之后，就需要将计算出的控制指令力矩分配到 8 个推力器上，也就是由这 8 个推力器进行组合，产生控制力矩。传统的控制指令分配方法主要为分轴控制，其他还有伪逆法、线性规划法、最优查表法等。本书在 RCS 控制指令的分配上首先采用了分轴法。

分轴法也称群组法，一般在对喷管进行底层选取时，将推力器以解耦的思想进行分组，使得组合内推力器通过对消只能产生一个方向的控制力矩，且每个轴有且仅有一个组合产生作用。分轴法中,各轴产生的力和力矩的大小和方向十分清晰。采用该方法能够很清楚地设计喷管选择逻辑,可以避免由于推力器耦合造成的推力器组合逻辑选择困难。

图 2-2 所示的 RCS 系统中,滚转通道力矩由 5、6、7、8 号喷管组合提供,其中 5 号和 7 号推力器开关同步提供正方向的滚转力矩,6 号和 8 号推力器开关同步提供负方向的滚转力矩,即 $F_5 = F_7$,$F_6 = F_8$。俯仰通道力矩由 1 号和 3 号喷管分别提供,其中 3 号喷管提供正方向俯仰力矩,1 号推力器提供负方向俯仰力矩。偏航通道力矩由 2 号和 4 号喷管分别提供,2 号喷管提供正方向偏航力矩,4 号喷管提供负方向偏航力矩。推力器开关根据要求力矩大小和方向确定各自的开启状态和时间。当 8 个推力器都正常工作时,推力器组合方法如表 2-3 所列。

表 2-3　分轴法的喷管组合方法

通　道	喷管编号	输出 RCS 力矩/(N·m)
正滚转	5、7	$F_5 d + F_7 d$
负滚转	6、8	$-F_6 d - F_8 d$
正俯仰	3	$F_3 l_r$
负俯仰	1	$-F_1 l_r$
正偏航	2	$F_2 l_r$
负偏航	4	$-F_4 l_r$

分轴控制的优点在于逻辑方式简单,3 个轴的控制是解耦分离的,相互之间没有影响,控制效果较好。而在滚转方向力矩的控制过程中,5、7 或者 6、8 号喷管的同时采用引起了推力对消,产生了燃料的不必要损耗,导致了推力器效率偏低的缺点。

2.4　高超声速飞行器动力学特性

2.4.1　气动力与气动力矩系数

为了更形象地展示气动力参数与马赫数(Ma)、攻角等关键状态量的约束关系,在零舵偏时,考察不同马赫数和攻角条件下阻力、升力和侧向力基本系数曲线,并在图 2-5、图 2-6 和图 2-7 中分别绘制在零舵偏时,考察不同马赫数和攻角条件下升阻比曲线,绘制如图 2-8 所示。

如图 2-5～图 2-8 所示,阻力系数在攻角较小时变化较小,在攻角较大时急速变化且与攻角大小呈线性关系;升力系数和攻角大小近似呈线性关系,随攻角的增大而线性增大;侧向力系数可近似表示为常值;升阻比在马赫数较小时随攻角的增大而增大,当马赫数较大时,在攻角 4° 左右达到极大值。

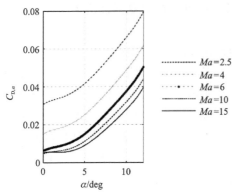

图 2-5 阻力系数在不同 Ma 和攻角下的曲线

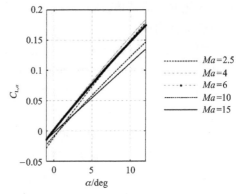

图 2-6 升力系数在不同 Ma 和攻角下的曲线

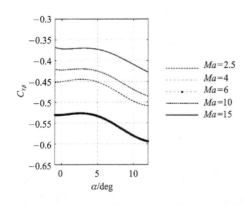

图 2-7 侧向力系数在不同 Ma 和攻角下的曲线

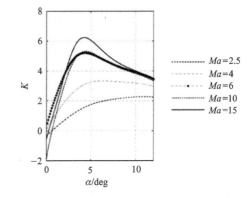

图 2-8 升阻比 K 在不同 Ma 和攻角下的曲线

在零舵偏时,考察不同马赫数和攻角条件下滚转、偏航和俯仰力矩系数曲线,分别如图 2-9、图 2-10 和图 2-11 所示。

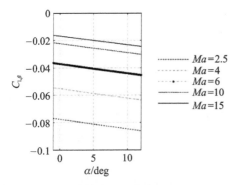

图 2-9 滚转力矩系数在不同 Ma 和
攻角下的曲线

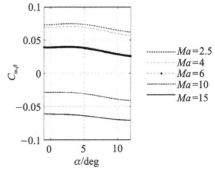

图 2-10 偏航力矩系数在不同 Ma 和
攻角下的曲线

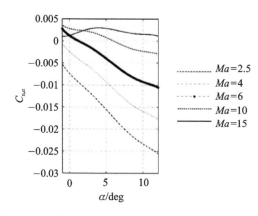

图 2-11　俯仰力矩系数在不同 Ma 和攻角下的曲线

由图 2-9～图 2-11 可以看出,滚转力矩和偏航力矩系数可近似表示为常值,俯仰力矩系数在马赫数较小时与攻角可近似认为呈线性关系,当马赫数较大时非线性增强,且均呈现出明显的零偏。

在零攻角时,考察不同马赫数和方向舵偏角条件下方向舵侧向力和方向舵偏航力矩系数,分别如图 2-12 和图 2-13 所示。

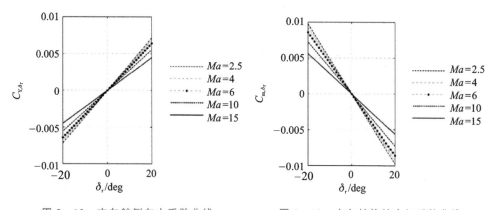

图 2-12　方向舵侧向力系数曲线　　　图 2-13　方向舵偏航力矩系数曲线

如图 2-12 和图 2-13 所示,方向舵侧向力系数、方向舵偏航力矩系数和方向舵偏角近似呈线性关系。

在零攻角时,考察不同马赫数和舵偏角条件下升降舵升力系数、滚转力矩系数和俯仰力矩系数,分别如图 2-14、图 2-15 和图 2-16 所示。

如图 2-14～图 2-16 所示,升降舵升力系数、滚转力矩系数和俯仰力矩系数均与升降舵偏角近似呈线性关系。

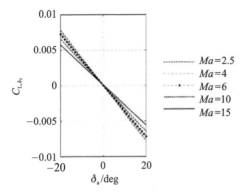

图 2 - 14　左升降舵升力系数曲线

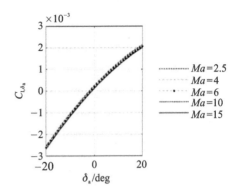

图 2 - 15　左升降舵滚转力矩系数曲线

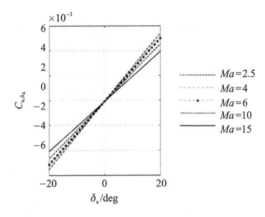

图 2 - 16　左升降舵俯仰力矩系数曲线

2.4.2　系统状态零输入响应特性

利用 MATLAB 软件搭建高超声速飞行器的数学模型。以舵偏量和 RCS 推力器开度作为数学模型的输入参数,状态量$[V,\theta,\psi_c,\omega_x,\omega_y,\omega_z,\alpha,\beta,\gamma_c,x,y,z]$作为模型的输出参数。在高超声速再入飞行条件下,考察高超声速飞行器的零输入响应,其中假设初始状态为 $x=z=0,h=33.5$ km,$V=4$ 589 m/s$(Ma=15)$,$\theta=\psi_c=0$,$\omega_x=\omega_y=\omega_z=0$,$\alpha=6°$,$\beta=1°$,$\gamma_c=3°$,$T_{rx}=T_{ry}=T_{rz}=0,l_{Tr}=m_{Tr}=n_{Tr}=0$,$\delta_a=\delta_e=\delta_r=0$。则高超声速飞行器零输入响应如图 2 - 17～图 2 - 24 所示。

如图 2 - 17～图 2 - 24 所示,在零输入的条件下,飞行器极不稳定,滚转和俯仰通道呈现发散的状态,且状态变化范围较大,显现出较强的时变特性。因此,为了保证高超声速飞行器能够稳定飞行,必须设计合理的飞行控制系统。

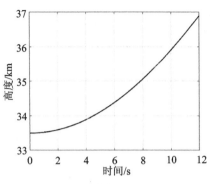

图 2 - 17　高超声速飞行器
零输入高度响应曲线

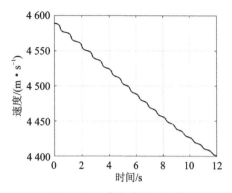

图 2 - 18　高超声速飞行器
零输入速度响应曲线

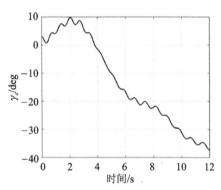

图 2 - 19　高超声速飞行器
速度滚转角响应曲线

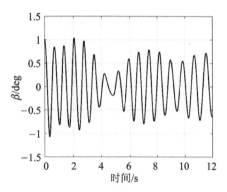

图 2 - 20　高超声速飞行器
零输入侧滑角响应曲线

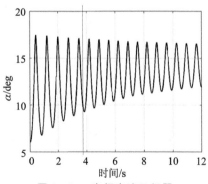

图 2 - 21　高超声速飞行器
零输入攻角响应曲线

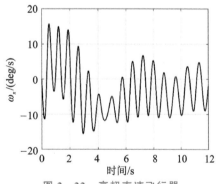

图 2 - 22　高超声速飞行器
滚转角速度响应曲线

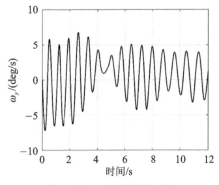

图 2-23 高超声速飞行器
偏航角速度响应曲线

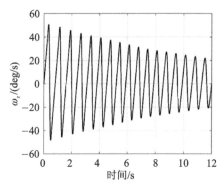

图 2-24 高超声速飞行器
俯仰角速度响应曲线

2.4.3 高超声速飞行器模型线性化

基于上述的气动力与气动力矩系数分析,在进行控制系统设计前,首先对高超声速飞行器模型进行线性化处理。定义 $\dot{\gamma}_c = F_{\gamma_c}$,$\dot{\beta} = F_{\beta}$,$\dot{\alpha} = F_a$,则飞行器速度滚转角、侧滑角和攻角的二阶微分形式可以表示为

$$\ddot{\gamma}_c = \frac{\partial F_{\gamma_c}}{\partial \gamma_c}\gamma_c + \frac{\partial F_{\gamma_c}}{\partial \dot{\gamma}_c}\dot{\gamma}_c + \frac{l_{ac}}{I_{xx}} + f_{\gamma_c} \qquad (2.24)$$

$$\ddot{\alpha} = \frac{\partial F_a}{\partial \alpha}\alpha + \frac{\partial F_a}{\partial \dot{\alpha}}\dot{\alpha} + \frac{n_{ac}}{I_{zz}} + f_a \qquad (2.25)$$

$$\ddot{\beta} = \frac{\partial F_{\beta}}{\partial \beta}\beta + \frac{\partial F_{\beta}}{\partial \dot{\beta}}\dot{\beta} + \frac{m_{ac}}{I_{yy}} + f_{\beta} \qquad (2.26)$$

其中,l_{ac},m_{ac} 和 n_{ac} 分别为执行器在滚转、偏航和俯仰通道上产生的控制力拒;$f_a = \frac{qcS}{I_{zz}}C_{n,\delta_r} + \Delta_a$,$f_{\beta} = \frac{qS}{I_{yy}}\left(b\left(C_{m,\delta_a} + C_{m,\delta_e} + C_{m,p}\frac{\omega_x b}{2V}\right) + X_{cg}(C_{Z,\delta_a} + C_{Z,\delta_e})\right) + \Delta_{\beta}$ 和 $f_{\gamma_c} = \frac{qbS}{I_{xx}}\left(C_{l,\beta}\beta + C_{l,\delta_r} + C_{l,r}\frac{\omega_y b}{2V}\right) + \Delta_{\gamma_c}$ 表示未知扰动,其中高阶无穷小量 Δ_a,Δ_{β} 和 Δ_{γ_c} 表示模型误差。

为了详细描述高超声速飞行器的动态特性,飞行器的控制输入和系统状态变量定义如下:

$$\boldsymbol{x} = \begin{pmatrix} \gamma_c \\ \beta \\ \alpha \\ \dot{\gamma}_c \\ \dot{\beta} \\ \dot{\alpha} \end{pmatrix}, \quad \boldsymbol{u} = \begin{pmatrix} l_{ac} \\ m_{ac} \\ n_{ac} \end{pmatrix}, \quad \boldsymbol{y} = \begin{pmatrix} \gamma_c \\ \beta \\ \alpha \end{pmatrix} \qquad (2.27)$$

高超声速飞行器姿态运动方程可以整理为如下状态空间形式：

$$\dot{\boldsymbol{x}} = \boldsymbol{A}\boldsymbol{x} + \boldsymbol{B}\boldsymbol{u} + \boldsymbol{f} \qquad\qquad (2.28)$$

式中，

$$\boldsymbol{A} = \begin{bmatrix} 0 & \cdots & 0 & 1 & 0 & 0 \\ \vdots & & & \ddots & 1 & 0 \\ 0 & \cdots & \cdots & \cdots & 0 & 1 \\ -a_{1,\gamma_c} & 0 & 0 & -a_{0,\gamma_c} & 0 & 0 \\ 0 & -a_{1,\beta} & 0 & 0 & -a_{0,\beta} & 0 \\ 0 & 0 & -a_{1,a} & 0 & 0 & -a_{0,a} \end{bmatrix}$$

$$\boldsymbol{B} = \begin{bmatrix} 0 & \cdots & 0 \\ \vdots & & \vdots \\ 0 & & \vdots \\ \dfrac{1}{I_{xx}} & \ddots & \vdots \\ 0 & \dfrac{1}{I_{yy}} & 0 \\ 0 & 0 & \dfrac{1}{I_{zz}} \end{bmatrix}, \qquad \boldsymbol{f} = \begin{bmatrix} 0 \\ 0 \\ 0 \\ f_{\gamma_c} \\ f_{\beta} \\ f_{a} \end{bmatrix}$$

其中，$a_{0,\gamma_c} = \dfrac{\partial F_{\gamma_c}}{\partial \dot{\gamma}_c} = -\dfrac{1}{I_{xx}} \dfrac{qb^2 SC_{l,p}}{2V}$

$a_{1,\gamma_c} = \dfrac{\partial F_{\gamma_c}}{\partial \gamma_c} = 0$

$a_{0,\beta} = -\left(\dfrac{1}{I_{yy}} \dfrac{qb^2 SC_{m,r}}{2V} + \dfrac{qSC_{Z,\beta}}{mV} \right)$

$a_{1,\beta} = \dfrac{\partial F_{\beta}}{\partial \beta} = -\dfrac{qS}{I_{yy}}(bC_{m,\beta} + X_{cg}C_{Z,\beta})$

$a_{0,a} = \dfrac{\partial F_a}{\partial \dot{\alpha}} = -\left(\dfrac{1}{I_{zz}} \dfrac{qc^2 SC_{n,q}}{2V} - \dfrac{qSC_L^a}{mV} \right)$

$a_{1,a} = \dfrac{\partial F_a}{\partial \alpha} = -\dfrac{1}{I_{zz}}(qcSC_n^a + X_{cg}qS((C_{D,a} + C_{D,\delta_a} + C_{D,\delta_r} + C_{D,\delta_e}) + C_L^a))$

由式(2.28)可知，高超声速飞行器姿态运动模型中，每个自由度均可以被表示为一个二阶系统。这是后续进行自抗扰控制器设计的基础。

| 2.5　本章小结 |

　　本章主要对高超声速飞行器再入滑翔段进行了建模和分析。首先,给出了所研究的高超声速飞行器和 RCS 的模型和相关参数,高超声速飞行器数学模型建立前的基本假设和相关条件也一并给出;接着,介绍了模型建立所采用的坐标系、动力学方程以及气动模型;最后,对高超声速飞行器的动力学特性进行了分析和模型线性化。零输入状态下的开环特性仿真结果表明在无输入条件下,高超声速飞行器飞行过程极不稳定,状态响应变化剧烈。本章内容为后续控制方法设计研究建立了基础。

第 3 章

高超声速飞行器反作用控制系统故障模型

|3.1 引 言|

RCS 采用的推进器简称为姿态控制发动机。姿态控制发动机常采用液体推进剂火箭发动机(Liquid Rocket Motor),即使用液态化学物质作为能源和工质的化学火箭推进系统。液体火箭发动机按照推进剂供应系统,可以分为挤压式和泵压式;按照推进剂组元可分为单组元、双组元和三组元;按照功能分,一类用于航天运载器和弹道导弹,包括主发动机、助推发动机、芯级发动机、上面级发动机、游动发动机等,另一类用于航天器主推进和辅助推进,包括远地点发动机、轨道机动发动机、姿态控制和轨道控制发动机等。姿态控制发动机大都采用挤压式单组元液体推进剂发动机。

陈新华[17]建立了姿态控制发动机故障树和故障模型,用于某型火箭的姿态控制发动机系统的故障模拟与诊断,并且介绍了姿态控制发动机系统的 5 个组成部分,即气路系统、液路系统、推力室、温控系统和电缆。张如飞[18]指出姿态控制发动机有两类常见故障,即推力损失和推进剂泄露,并基于改进的 Maksimov 非线性系统输入估计算法,提出了航天器姿态控制推力器在线故障诊断方案,实现了推力损失检测、推进剂泄漏特别是低泄漏故障的检测。常见的 RCS 姿态控制推力器故障检测与诊断(Fault detection and Diagnosis,FDD)方法如图 3 - 1 所示。

红线系统或门限(阈值)检测是工程上最简便、最常见的一种基于发动机输出信号的故障检测方法。但红线系统不能检测早期故障,且常发生故障的误检或漏检。为了提高检测效果,可检测稳态过程故障的"异常与故障检测系统"(System for Anomaly and Failure Detection,SAFD)被提出。该系统能更早地检测出故障并提高可靠性,但只适用于稳态过程的监控,对故障的覆盖率和敏感度仍较低,亦未考虑测量参数之间存在的相关关系。

基于功率平衡模型(Power Balance Model,PBM)导出的影响系数法通过综合多个监测参数的标准化残差来检测发动机故障。该算法具有较大的故障覆盖面和较好的缓变故障早期检测能力,且对传感器的敏感性较低,但缺点是各参数标准化残差加权系数的选择有较大主观性,检测阈值也较难确定。后期有学者利用静态数学模型,在参数估计方法中引入专家系统推理过程,提出一种基于方程形式静态模型的故障诊断策略。这一方法将系统的期望输出与由已知或假设的信息在模型内根据约束进行传播所产生的输出相对比来诊断故障。由于测量参数不完备系统中存在回路等原因,信息可能较难传播,影响故障诊断的效果。

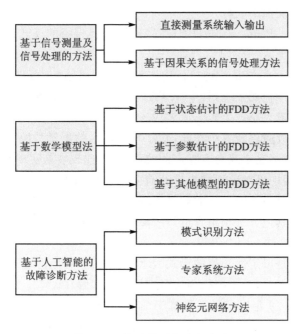

图 3-1　故障检测和诊断方法

基于人工智能的故障检测与诊断的方法有以下几种。

(1) 模式识别方法

在大量的发动机试验数据和经验资料的支持下,用模式识别方法进行故障检测与诊断是可行的,且比较有效。这种方法先根据发动机工作数据和运行经验,建立正常状态和故障状态的参数模板并存于数据库。发动机工作时,将当前工作状态与参数模板对比,从而实现故障的检测与诊断。模式识别的前提是必须有大量的发动机故障先验知识,所以须通过自学习在数据库中增加学习模板集来应对新故障。

(2) 专家系统方法

有学者为使 Titan 第一级发动机例行试验和验收试验的数据分析工作自动化,并能检测和诊断发动机的工作状态,研制了基于规则的"Titan 健康评估专家系统"(Titan Health Assessment Expert System,THAES),可以在不到 1 分钟的时间内完成人工分析需 6 小时的试验数据分析工作。但专家系统有诊断知识获取、系统自学习、实时故障检测与诊断等方面需要改进。目前,已开发的用于液体火箭发动机故障检测与诊断的专家系统仅能在发动机工作前准备或关机后分析等阶段离线使用。

(3) 神经网络方法

自适应共振理论(Adaptive Resonance Theory,ART)神经网络是一类无监督学习网络,它通过将测量数据经快速傅氏变换后得出功率谱密度作为故障特征输入来检测故障。网络的训练过程为最小化损失函数的过程,其中,损失函数定义为输入功率谱密度与学习得到的权值之间的欧氏距离,它能比较准确地检测出异常振动,还能正确诊断出推力器烧蚀的故障。

反向传播(Back Propagation,BP)神经网络可将传统的模式识别及分类方法中的三步(测量、特征提取、分类)结合在一起,自动地提取特征。"胜者为王"(Winner Take All,WTA)神经网络是一种执行优选算法的网络结构,可以与 BP 网络组成一个复合神经网络故障检测系统,其中 WTA 网络用于故障检测,其输出作为 BP 网络的输入用于显示故障大小。

与传统的振动故障诊断方法相比,基于神经网络的振动故障诊断方法具有以下优点:能够识别信息不完全或含有噪声的故障样本,比较容易实现高维空间的模板匹配;在状态监测过程中可对训练样本进行有效的内插和外推。基于神经网络的液体火箭发动机故障检测与诊断方法的硬件实现是该方法应用时的一个难点。神经网络方法与专家系统及其他方法相结合进行故障检测与诊断是一个有效的途径。

(4) 定性推理方法

定性推理方法是以定性约束的形式表示系统知识,利用已知的系统不完全信息,按照某种定性推理策略,对系统行为进行定性描述和解释。

赵万里[19]在 2019 年提出了一种基于前馈神经网络的递归结构识别(Recursive Structure Identification,RESID)算法,用于液体火箭发动机故障诊断,该算法可在 6 ms 内诊断出流量衰减故障。为了实现液体火箭发动机机载实时故障诊断,文献[19]将现场可编程逻辑门阵列(Field Programmable Gate Array,FPGA)与数字信号处理(Digital Signal Processing,DSP)相结合以此作为硬件架构设计了故障诊断器,其中 FPGA 控制高精度模数转换器(Analog-to-Digital Converter,ADC)进行传感器数据采集,DSP 运行故障诊断算法并将结果输出。基于所设计的故障诊断器的硬件和软件,搭建了工控机的硬件在环(Hardware-in-the-Loop,HIL)试验平台,对算法进行了试验验证。

RCS 姿态控制发动机最常见的故障有:电磁阀开启失败、电磁阀关闭失败、发动机点火失败、发动机点火延迟较长、发动机推力偏小、发动机燃烧振荡和发动机流量供应不稳定等。用内部传感器检测故障的手段是通过三个压力传感器的反馈(氧喷前压、燃喷前压和燃烧室压力)与时序指令的对比来判断故障类型的。

高超声速飞行器 RCS 推力器由于频繁的开关机以及恶劣的飞行环境,推力器的故障和传感器的故障频发。其中推力器故障主要有完全失效、关机故障、延迟、推力降低等形式,传感器故障主要包括传感器完全失效故障、数据偏差故障、传感器增益变化故障和离群数据故障。本章主要针对 RCS 推力器开启延迟、单推力器推力完全失效和单推力器推力降低,传感器完全失效故障、数据偏差故障、增益变化故障和离群数据故障进行故障模式分析。

3.2　高超声速飞行器反作用控制系统推力器故障模型

由于 RCS 往往由多个喷管组成,而喷管在短时间内的多次开关容易造成推力器故障,故障模式一般为推力器推力降低、开启延迟、推力器完全失效等。在下文的故障模型构建过程中,以 F 表示 RCS 推力器开启时的额定输出推力,F' 表示 RCS 推力器开启时的实际输出推力。

3.2.1　反作用控制系统推力器延迟故障模型

在实际应用中,推力器由电磁阀控制开关由于磁滞效应的存在,推力器的开启和关闭都存在延时,因相对控制指令周期较小,对 RCS 的影响可忽略。但是当电磁阀继电器出现故障,或者电磁铁出现故障时,推力器开启和关闭会产生额外的滞后,RCS 推力器延迟故障模式可描述为

$$F'(t + \tau_0 + \tau) = F(t) \tag{3.1}$$

式中,τ_0 是正常的推力器延迟时间,τ 是故障发生时所产生的额外的推力器的延迟时间。

推力器延迟故障会导致额外的推力器开启和关闭滞后,对给出的推力器延迟故障的时域数学模型进行频域变换,得到推力器延迟环节的传递函数为

$$G(s) = e^{-\tau s}, \qquad G(j\omega) = e^{-\tau j\omega} \tag{3.2}$$

幅值特性:$|G(j\omega)| = 1$, $\qquad 20\lg|G(j\omega)| = 0$ dB

相角特性:$\angle G(j\omega) = -\tau\omega(\text{rad})$, $\qquad \varphi(\omega) = -57.3\tau\omega(\text{deg})$

图 3-2 给出了推力器延迟环节的频域特性。从 RCS 推力器延迟环节的 Bode 图中可以看到推力延迟会导致执行器系统的相位滞后,在控制器设计时会降低系统开环传递函数截止频率处的相位,降低系统的相角裕度。考虑到一般飞行器控制系统的开环传递函数的截止频率为 $10 \sim 20$ rad/s,则当频率为 20 rad/s,推力器延迟 5 ms 时,相角裕度降低了 9.5°,推力器延迟 10 ms 时,相角裕度降低了 14.2°。相角裕度的降低会对系统的动态特性带来影响,主要表现为超调量的变化。因此,在控制系统设计时应当予以考虑。

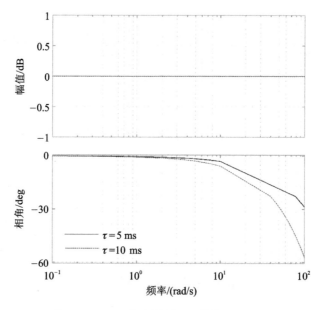

图 3-2 RCS 推力器延迟环节的 Bode 图

3.2.2 反作用控制系统推力器完全失效故障模型

当 RCS 推力器出现完全失效故障时，RCS 推力器的实际输出推力为零。RCS 推力器完全失效故障模式可描述为

$$F' = 0 \qquad (3.3)$$

推力器推力降低后，RCS 推力器在各个通道上仍能提供控制力矩。当推力降低的幅度不大时，RCS 推力器在各通道上仍能提供足够的控制力矩，不需要进行推力器的重新分配。此时，各通道控制力矩的大小会发生变化，如表 3-1 所列。

表 3-1 RCS 单一推力器推力降低故障下的控制力矩大小变化情况

故障喷管编号	通道					
	正滚转	负滚转	正偏航	负偏航	正俯仰	负俯仰
1	$2Fd$	$2Fd$	Fl_r	Fl_r	Fl_r	$(1-k_1)Fl_r$
2	$2Fd$	$2Fd$	$(1-k_2)Fl_r$	Fl_r	Fl_r	Fl_r
3	$2Fd$	$2Fd$	Fl_r	Fl_r	$(1-k_3)Fl_r$	Fl_r
4	$2Fd$	$2Fd$	Fl_r	$(1-k_4)Fl_r$	Fl_r	Fl_r
5	$(2-k_5)Fd$	$2Fd$	Fl_r	Fl_r	Fl_r	Fl_r
6	$2Fd$	$(2-k_6)Fd$	Fl_r	Fl_r	Fl_r	Fl_r
7	$(2-k_7)Fd$	$2Fd$	Fl_r	Fl_r	Fl_r	Fl_r
8	$2Fd$	$(2-k_8)Fd$	Fl_r	Fl_r	Fl_r	Fl_r

各通道也会产生干扰力矩,如表 3-2 所列。其中,F_i 表示编号为 i 的喷管的理论输出推力,若喷管开启则为开启时的标准输出推力,若喷管关闭则为零,$k_i, i = 1, 2, \cdots, 8$,表示编号为 i 的喷管的损伤率。

表 3-2　RCS 单一推力器推力降低故障下三通道的干扰力矩

故障喷管编号	干扰力矩		
	l_{Tr}	m_{Tr}	n_{Tr}
1	0	0	0
2	0	0	0
3	0	0	0
4	0	0	0
5	0	$-k_5 F_7 l_r \cos \theta_r$	$k_5 F_7 l_r \sin \theta_r$
6	0	$-k_6 F_8 l_r \cos \theta_r$	$-k_6 F_8 l_r \cos \theta_r$
7	0	$k_7 F_5 l_r \cos \theta_r$	$-k_7 F_5 l_r \cos \theta_r$
8	0	$k_8 F_6 l_r \cos \theta_r$	$k_8 F_6 l_r \cos \theta_r$

如表 3-1 和表 3-2 中所列,1、2、3、4 号推力器推力降低,相应的俯仰和偏航方向的控制增益发生变化,但三通道上无干扰力矩产生。特别地,当 $k_i = 1$ 时,即推力器推力降低故障变为推力器完全失效故障时,RCS 无法产生相应的正俯仰力矩、负俯仰力矩、正偏航力矩或负偏航力矩,需要进行推力器的重构。当推力器推力降低到无法提供控制指令需要的控制力矩时,也需要进行控制力矩的重构。5、6、7、8 号推力器推力降低,滚转通道的控制增益发生变化,俯仰和偏航通道的控制增益保持不变;俯仰和偏航通道上产生干扰力矩,干扰力矩大小随着推力器推力降低的大小变化。

3.2.3　反作用控制系统推力器推力降低故障模型

推力器工作过程中,电磁阀损坏或者燃料不足等情况时有发生,会造成某个喷管的输出推力小于额定推力,导致三轴实际提供的力矩更小,RCS 推力器推力降低故障模式可描述为

$$F' = (1 - k)F \tag{3.4}$$

式中,k 为推力器损伤率,取值范围为 0~1。

当发生 RCS 推力器完全失效故障时,尤其是 1、2、3、4 号喷管发生完全失效故障,需要对推力器进行重构,否则无法产生相应的正俯仰、负俯仰、正偏航或负偏航力矩。对单推力器完全失效的故障情况进行推力器重构,如表 3-3 所列。

当 1 号喷管发生完全失效故障时,由 5 号和 8 号喷管代替 1 号喷管提供负俯仰力矩;当 2 号喷管发生完全失效故障时,由 5 号和 6 号喷管代替 2 号喷管提供负偏航

力矩;当 3 号喷管发生完全失效故障时,由 6 号和 7 号喷管代替 3 号喷管提供正俯仰力矩;当 4 号喷管发生完全失效故障时,由 7 号和 8 号喷管代替 4 号喷管提供正偏航力矩;当 5、6、7、8 号喷管发生完全失效故障时,相应的喷管在原来群组法的分配下不再动作即可。推力器力矩重新分配后,各通道控制力矩的大小同样会发生变化,同时各通道也会产生干扰力矩。控制力矩的大小变化如表 3-4 所列。

表 3-3 单推力器完全失效故障下推力器力矩重构方案

损坏喷管	正滚转	负滚转	正偏航	负偏航	正俯仰	负俯仰
1	5、7	6、8	2	4	3	5、8
2	5、7	6、8	2	7、8	3	1
3	5、7	6、8	2	4	6、7	1
4	5、7	6、8	5、6	4	3	1
5	7	6、8	2	4	3	1
6	5、7	8	2	4	3	1
7	5	6、8	2	4	3	1
8	5、7	6	2	4	3	1

表 3-4 RCS 单一推力器推力完全失效故障下的控制力矩大小变化情况

损坏喷管	正滚转	负滚转	正偏航	负偏航	正俯仰	负俯仰
1	$2Fd$	$2Fd$	Fl_r	Fl_r	Fl_r	$2Fl_r\sin\theta_r$
2	$2Fd$	$2Fd$	Fl_r	$2Fl_r\cos\theta_r$	Fl_r	Fl_r
3	$2Fd$	$2Fd$	Fl_r	Fl_r	$2Fl\sin\theta_r$	Fl_r
4	$2Fd$	$2Fd$	$2Fl\cos\theta_r$	Fl_r	Fl_r	Fl_r
5	Fd	$2Fd$	Fl_r	Fl_r	Fl_r	Fl_r
6	$2Fd$	Fd	Fl_r	Fl_r	Fl_r	Fl_r
7	Fd	$2Fd$	Fl_r	Fl_r	Fl_r	Fl_r
8	$2Fd$	Fd	Fl_r	Fl_r	Fl_r	Fl_r

从表 3-4 中的分析结果中可以看到,5、6、7、8 号喷管完全失效故障下,滚转通道控制增益发生变化,变为无故障时的一半。飞行器滚转通道的转动惯量较小,仍能提供足够的控制力矩。当 1、2、3、4 号喷管发生完全失效故障时,相应的俯仰或偏航控制增益发生变化,增益变化的大小和 5、6、7、8 号喷管在水平方向上夹角 θ 的大小有关。干扰力矩大小如表 3-5 所列。

表 3 - 5　RCS 单一推力器完全失效故障下三通道的干扰力矩

损坏喷管	l_{Tr}	m_{Tr}	n_{Tr}
1	0	$F_6 l_r \cos\theta_r - F_7 l_r \cos\theta_r$	$F_6 l_r \sin\theta_r + F_7 l_r \sin\theta_r$
2	0	$-F_7 l_r \cos\theta_r - F_8 l_r \cos\theta_r$	$F_7 l_r \sin\theta_r - F_8 l_r \sin\theta_r$
3	0	$F_5 l_r \cos\theta_r - F_8 l_r \cos\theta_r$	$-F_5 l_r \sin\theta_r - F_8 l_r \sin\theta_r$
4	0	$F_5 l_r \cos\theta_r + F_6 l_r \cos\theta_r$	$-F_5 l_r \sin\theta_r + F_6 l_r \sin\theta_r$
5	0	$-F_7 l_r \cos\theta_r$	$F_7 l_r \sin\theta_r$
6	0	$-F_8 l_r \cos\theta_r$	$-F_8 l_r \sin\theta_r$
7	0	$F_5 l_r \cos\theta_r$	$-F_5 l_r \sin\theta_r$
8	0	$F_6 l_r \cos\theta_r$	$F_6 l_r \sin\theta_r$

从表 3 - 5 的分析结果中可以看到，推力器完全失效故障在滚转通道上不会产生干扰力矩，在俯仰和偏航通道上会产生一定的干扰力矩。但当故障诊断模块诊断出推力器完全失效故障时，上述推力器完全失效引起的俯仰和偏航方向上的干扰力矩均可以视为已知的扰动力矩在控制器设计时进行直接补偿。

3.3　高超声速飞行器反作用控制系统传感器故障模型

惯导系统中包含加速度计和陀螺构成的角速度计，因此，可以将加速度和角速度状态量视作加速度传感器和角速度传感器的输出信号，用于传感器故障建模研究。下面建立各故障的故障模型。以 $y(t)$ 表示传感器正常状态下的输出，$y^f(t)$ 表示故障状态下的输出。

3.3.1　反作用控制系统传感器完全失效故障模型

传感器完全失效故障模型为

$$y^f(t) = 0 \tag{3.5}$$

故障传感器信号输出示意图 3 - 3 所示。

传感器失效故障通常由信号线断路或供电中断引起，此时传感器完全失灵，信号输出为 0。

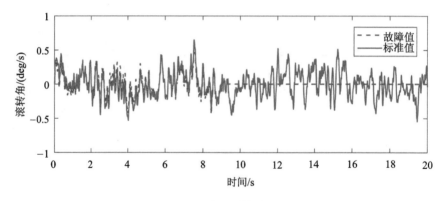

图 3 - 3　完全失效故障示意图

3.3.2　反作用控制系统数据偏差故障模型

数据偏差故障模型为

$$y^f(t) = y(t) + \Delta \qquad (3.6)$$

式中,Δ 为常数,反映了实际信号与测量信号之间存在的恒定偏差。故障示意如图 3 - 4 所示。

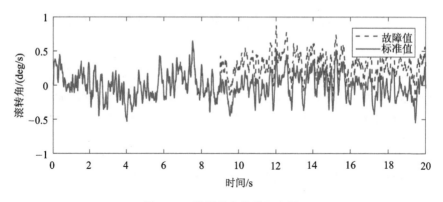

图 3 - 4　数据偏差故障示意图

数据偏差故障通常发生在传感器电路中有偏置电压或偏置电流时。

3.3.3　反作用控制系统增益变化故障模型

传感器增益变化故障模型为

$$y^f(t) = \beta y(t) \qquad (3.7)$$

其中,β 为增益变化的比例系数。图 3 - 5 为传感器增益变化故障示意图。

飞行器以极高的速度飞行,表面热流大,剧烈温度变化、震动和零件老化可能造成传感器的增益变化故障。如图 3 - 5 所示,增益变化故障发生时传感器输出数值变小。

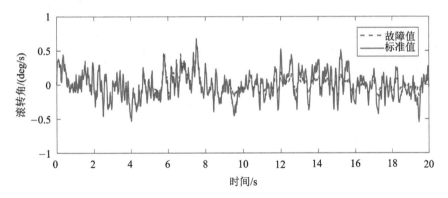

图 3-5　增益变化故障示意图

3.3.4　反作用控制系统离群数据故障模型

离群数据故障模型为

$$y^f(t) = y(t) + \delta_i(\tau) \tag{3.8}$$

其中，$\delta_i(\tau)$ 为在 τ 时刻出现的一个较大的误差，但此后的输出又是正确的，是一种暂时性的故障。离群数据故障如图 3-6 所示。

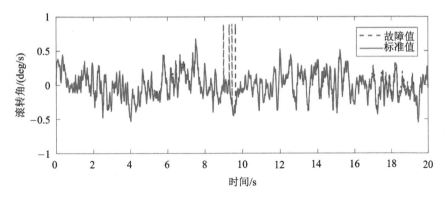

图 3-6　离群数据故障示意图

由图 3-6 中的仿真结果可以看出，飞行器导航通信受到干扰的情况下，传感器容易发生离群数据故障。

3.4　本章小结

本章首先针对 RCS 推力器故障情况进行故障模式分析。针对推力器延迟故障，给出了故障对控制系统设计的影响；针对单推力器推力降低故障，给出了推力器控制力矩的变化和干扰力矩的大小;针对单推力器推力完全失效故障,给出了推力器力矩重构方案、控制力矩的变化和干扰力矩的大小。其次,本章也对传感器故障进行了故障的建模和分析,其中传感器故障模型包括完全失效故障模型、数据偏差故障模型、传感器增益变化故障模型和离群数据故障模型。

第 4 章

基于数据驱动核极限学习机的高超声速飞行器 RCS 故障诊断

4.1 引 言

本章对 RCS 故障在线诊断方法进行研究,采用核极限学习机对高超声速飞行器 RCS 的传感器故障、执行器故障和复合故障进行在线诊断技术研究。从传感器得到的数据首先通过小波包分解算法,实现故障特征提取。然后将故障特征输入核极限学习机,通过分类器的学习,实现故障诊断。其中,利用生物地理学优化算法优化核极限学习机参数,提高诊断的精度和计算速度,并通过核函数优化的方式获得不同故障的最优核函数。算法在诊断过程中,只需要获取传感器数据,不依赖精确的飞行器模型。

4.2 基于小波包的特征提取

4.2.1 小波包分解算法原理

数据处理技术发展至今,方法种类众多,包括光谱分析、小波变换、小波分析、短时傅里叶变换、伽柏扩张、魏格纳维尔分布、倒频谱、双频谱、相关法、高分辨率谱分析、波形分析等。飞行器测量信号的特征提取技术,即通过数据处理技术将传感器输出的原始信号进行降维,以便于进行后续的故障诊断工作。

在传感器故障诊断的相关研究中,不基于模型的方法主要有基于主成分分析 (Principal Component Analysis ,PCA)的方法、基于傅里叶变换(Fourier Transform,FT)的方法和基于小波变换(Wavelet Transform,WT)的方法。从这些方法在其他领域的应用中可以发现,基于 PCA 的方法在处理没有噪声的数据上具有优势,反之则效果不理想。而小波变换相比于傅里叶变换，同时具有时频特征分析功能，而且可以处理傅里叶变换无法解决的非平稳信号。以上特点使小波变换适用于传感器数据中包含有环境和飞行器自身等因素引起的噪声、故障信号有可能是非平稳信号、信号中包含有震动部分的情况。且 FT 存在难以解决的问题：飞行器飞行过程中有机动，信号的变化无法在时域上判别是由故障信号还是飞行器状态变化引起。而小波变换是一种线性变换，用频率不同的振荡函数作为窗口函数对信号进行扫频和平移。物理意义上，小波变换系数的模反映的是信号随时间和频率的变化情况。在 WT 的基础上以小波包分解（Wavelet Package Translation，WPT）算法为基础的特征提取方法，可以对一定宽度时间窗内的传感器故障数据在高频和低频的频域同时实现分解。对于一个传感器测得的时序信号，其低频部分是描述了信号的主体成分，重构后近似于原始信号，相当于原始信号的消噪；而其高频部分体现出了信号的细节部分，包含了噪声与故障引起的突变成分。因此赋予了 WPT 以必要性和优越性，且WPT 处理后得到的各频段的能量分布可以有效反应出信号中的突变故障信息。

　　小波分析是傅里叶分析的继承和发展，具有广泛的应用价值，其思想起源于 20世纪前半叶，Alfred Haar 利用伸缩平移思想构造了 Haar 小波，L‐P(Littlewood‐Paley)理论被提出，即按二进制频率成分分组的理论，为小波分析的提出奠定了理论基础。到 20 世纪 80 年代初，Morlet 和 Arens 等人首次提出了"小波"的概念，并用于地震信号分析。小波分析的出现和发展，源于许多不同科学领域信号处理的需求。接着，Meyer 构造了具有一定衰减性质的规范正交小波基，又和 Mallat 合作提出了多分辨分析理论（Multiple Recognition Analysis，MRA），统一了小波构造方法。之后，Mallat 又提出了小波分解和重构的快速算法，使小波分析迅速发展，并被广泛应用于信号处理、图像分析和故障诊断等领域。

　　信号函数 $x(t)$ 能量有限，即 $x(t) \in L^2(R)$，则信号的小波变换可表示为

$$W_\psi x(a,b) = \langle x(t), \psi_{a,b}(t) \rangle = \int_{-\infty}^{+\infty} x(t) \overline{\psi_{a,b}(t)} \, dt \qquad (4.1)$$

其中，$\psi_{a,b}(t)$ 为连续小波，是由母小波经伸缩平移得到的一簇函数，可以表示为

$$\psi_{a,b}(t) = a^{-1/2} \psi\left(\frac{t-b}{a}\right) dt \qquad (4.2)$$

其频域表示为

$$\hat{\psi}_{a,b}(w) = a^{-1/2} e^{-jw} \hat{\psi}(aw) \qquad (4.3)$$

式中，a，b 分别为尺度参数和平移参数。当尺度参数 a＞1 时，小波 $\psi_{a,b}(t)$ 具有展宽性，且频谱缩窄。

　　小波变换的逆变换定义为

$$x(t) = \frac{1}{C_\psi} \iint_{R_2} \{W_\psi x(a,b)\} \left\{ a^{-1/2} \psi\left(\frac{t-b}{a}\right) \right\} \frac{da \, db}{a^2} \qquad (4.4)$$

小波变换具有如下性质:线性性、平移不变性、伸缩共变性、自相似性、无能量损失和冗余性。

离散小波变换又被称为小波分解,将尺度参数设置为 $a = a_0^j$,平移参数设置为 $b = k\,b_0 a_0^j$,其中 $j,k \in Z$。离散小波变换通常为原函数提供一种很高冗余度的描述。对于二进制离散小波,即 $a = 2^j$,$b = k 2^j$。则离散变换为

$$W_\psi x(2^j,k 2^j) = \langle x(t),\psi_{j,k}(t) \rangle = 2^{-j/2} \int_{-\infty}^{+\infty} x(t)\overline{\psi\left(\frac{t-k 2^j}{2^j}\right)}\mathrm{d}t \qquad (4.5)$$

其中,离散小波基函数定义为

$$\psi_{j,k}(t) = 2^{-j/2}\psi\left(\frac{t-k 2^j}{2^j}\right) \qquad (4.6)$$

对应的离散小波逆变换为

$$x(t) = C_\psi \sum_{j=-\infty}^{+\infty} \sum_{k=-\infty}^{+\infty} W_\psi x(j,k)\psi_{j,k}(t) \qquad (4.7)$$

由于离散小波是冗余的,为了适应使用需求,小波基应尽量选取正交基,多尺度分析由此产生。利用多分辨分析的思想,先在能量有限函数空间 $L^2(R)$ 的某个子空间建立基底,然后利用伸缩平移变换,把子空间的基底扩充到 $L^2(R)$ 中。在多分辨分析过程中,设 $\{V_j\}_{j \in Z}$ 是空间 $L^2(R)S$ 上的一个闭子空间列,由尺度函数 $\psi_{a,b}(t)$ 伸缩平移构成的正交基张成,尺度函数 $\psi_{a,b}(t)$ 为一个低通函数,$\{V_j\}_{j \in Z}$ 被称为多分辨分析。其中:

$$\cdots \subset V_{-1} \subset V_0 \subset V_1 \subset \cdots$$
$$\bigcap_{j \in Z} V_j = \{0\};\quad \overline{\bigcup_{j \in Z} V_j} = L_2(R)$$

空间 W_j 可由小波函数 $\Psi(t)$ 伸缩平移构成的正交基张成,则

$$V_{j+1} = V_j \oplus W_j = (V_{j-1} \oplus W_{j-1}) \oplus W_j$$
$$V_j \perp W_j$$

分解只对低频部分尺度函数空间 V_j 进行,而高频部分小波函数 W_j 保持不变。于是小波包算法被提出,对 W_j 空间进行同样的分解。假设

$$\begin{cases} U_j^0 = V_j \\ U_j^1 = W_j \end{cases} \qquad (4.8)$$

延伸后

$$U_{j+1}^n = U_{j+1}^{2n} \oplus U_{j+1}^{2n+1} \qquad (4.9)$$

相比于小波变换,小波包可以更加细致地分析信号的高频部分。首先,对信号进行小波包分解,得到小波包系数,利用滤波器和下采样运算,小波系数可以通过如公式(4.10)

$$\begin{cases} d_{j+1}^{2n} = \sum_k h(k-2t)d_j^n(k) \\ d_{j+1}^{2n+1} = \sum_k g(k-2t)d_j^n(k) \end{cases} \qquad (4.10)$$

获得。基于 (4.10) 所给出的小波分解算法，同理可将小波包的重构算法表示为

$$d_{j+1}^{n} = \sum_{k} \left[p(t-2k)d_{j}^{2n} + q(t-2k)d_{j}^{2n+1} \right] \tag{4.11}$$

其中，h，g，p，q 为滤波器，j 表示分解的层数，$d_{j}^{n}(k)$ 表示第 j 层第 n 个频带的系数矩阵，$j=0$ 时，$d_{0}(k)$ 表示的是原始的采样信号，这里，$d_{0}(k)$ 取飞行器角加速度传感器的原始采样信号与尺度函数的内积。层数 j 越大，对信号的分解越细致，第 j 层可以将信号按照频率分成 2^{j} 个部分。三层小波包分解结构如图 4-1 所示。

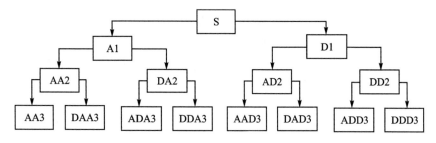

图 4-1　三层小波包分解示意图

图 4-1 中，S 代表原始信号，A 代表各层中的低频信号，D 代表各层中的高频信号。当分解层数为 3 层时，在第 3 层分解得到 8 个频带。若原始信号的最高频率为 f，则各子信号的频率范围如表 4-1 所列。

表 4-1　各子信号频率范围分布

子信号	频率范围	子信号	频率范围
3 层 1 频带	$0 \sim \frac{1}{8}f$	3 层 5 频带	$\frac{1}{2}f \sim \frac{5}{8}f$
3 层 2 频带	$\frac{1}{8}f \sim \frac{1}{4}f$	3 层 6 频带	$\frac{5}{8}f \sim \frac{3}{4}f$
3 层 3 频带	$\frac{1}{4}f \sim \frac{3}{8}f$	3 层 7 频带	$\frac{3}{4}f \sim \frac{7}{8}f$
3 层 4 频带	$\frac{3}{8}f \sim \frac{1}{2}f$	3 层 8 频带	$\frac{7}{8}f \sim f$

若原始信号的总采样点个数为 N，则各节点系数的数量为 $N/8$，所有系数总数仍为 N。

根据帕塞瓦尔定理，信号所含有的能量值恒等于在完备正交函数集中各分量能量之和，各频带的能量 E_i 可以由每个频带系数的范数的平方和表示：

$$E_i = \sum_{k=1}^{N} \| d_j^n(k) \|^2, \qquad i=1,2,\cdots,2^j \tag{4.12}$$

于是提取后的信号能量向量为

$$E = [E_1, E_2, \cdots, E_{2^j}] \tag{4.13}$$

可以对能量值 E 进行归一化处理,得

$$E_f = \frac{E}{\| E \|_2} \tag{4.14}$$

选取 E 或 E_f 作为最终的特征向量。

4.2.2 特征提取过程

由于不同时刻的飞行状态不同,传感器的输出值也会有一定的变化,而且在飞行器有机动飞行时,飞行器姿态可能会有一定的突变。这与故障带来的突变可能在传感器输出信号上表现出相似的特征。为了从数据处理的角度描述信号的故障特征,且避免飞行器自身姿态调整形成的信号干扰传感器信号变化,所设计的方法需要适应飞行器不同的飞行状态。因此,这里提取不同时间段的特征向量,使故障特征库包含飞行器不同状态下的特征。对于训练样本,将时间段为 1 s 的信号做小波包分解,间隔为 0.5 s,如图 4-2 所示。

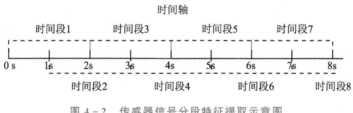

图 4-2 传感器信号分段特征提取示意图

测试时,对窗口宽度为 1 s 的时间窗内传感器原始数据进行特征提取处理,并加入测试库。

首先,针对高超声速飞行器 RCS 传感器故障进行故障特征提取。为了验证基于小波包分解结合核极限学习机故障诊断算法的有效性,以滚转角速度传感器为例:在滚转角速度状态上分别不注入故障和注入完全失效故障、数据偏差故障、增益变化故障和离群数据故障的传感器故障,每种故障模式下以不同的飞行状态获得 50 组数据,共得到 250 组数据。高超声速飞行器的初始仿真条件为:飞行高度 $H = 30$ km,飞行速度 $V = 15$ Ma,各状态初始角度和角速度为 0,并在模型内加入适当的噪声干扰。

传感器故障中的完全失效故障、数据偏差故障和增益变化故障的注入时刻为第 9 s,离群数据故在第 9 s 到 10 s 之间注入。数据偏差故障的故障值依次设置为 0.5 deg/s、0.4 deg/s、0.3 deg/s、0.2 deg/s、0.1 deg/s,离群数据故障值为 0.1～0.9 deg/s 之间的随机数。

对各组数据进行小波包分解并计算每个节点的能量,表 4-2 展示了部分训练数据的特征向量,其中第一列数据为故障分类标签。可以看出每种故障的特征向量有一定的相似性,但直观分析数据难以有效识别故障。

表 4 - 2 部分训练数据特征向量

故障分类标签	特征向量							
0	5.14	0.13	0.03	0.03	0.01	0.01	0.01	0.01
0	4.51	0.13	0.03	0.03	0.01	0.01	0.01	0.01
0	4.72	0.13	0.03	0.03	0.01	0.01	0.01	0.01
0	5.40	0.13	0.03	0.03	0.01	0.01	0.01	0.01
0	5.45	0.13	0.03	0.03	0.01	0.01	0.01	0.01
1	5.76	0.99	0.58	1.15	0.43	0.54	0.50	1.17
1	4.95	0.95	0.56	1.10	0.41	0.51	0.48	1.12
1	5.58	0.99	0.58	1.14	0.43	0.53	0.49	1.17
1	4.93	0.95	0.55	1.09	0.41	0.51	0.47	1.11
1	4.90	0.94	0.55	1.08	0.41	0.50	0.47	1.10
2	4.88	0.18	0.08	0.14	0.05	0.06	0.05	0.13
2	5.96	0.18	0.08	0.14	0.05	0.06	0.05	0.13
2	4.62	0.18	0.08	0.14	0.05	0.06	0.05	0.13
2	4.94	0.18	0.08	0.14	0.05	0.06	0.05	0.13
2	4.92	0.18	0.08	0.14	0.05	0.06	0.05	0.13
3	6.26	0.12	0.03	0.03	0.01	0.01	0.01	0.01
3	4.66	0.12	0.03	0.05	0.02	0.02	0.02	0.05
3	5.40	0.12	0.03	0.03	0.01	0.01	0.01	0.02
3	5.86	0.13	0.03	0.03	0.01	0.01	0.01	0.01
3	4.57	0.12	0.04	0.06	0.02	0.03	0.03	0.06
4	6.20	0.91	0.53	1.05	0.40	0.49	0.45	1.07
4	5.90	0.88	0.51	1.01	0.38	0.47	0.44	1.03
4	5.46	0.79	0.46	0.90	0.34	0.42	0.39	0.92
4	4.89	0.82	0.48	0.94	0.36	0.44	0.41	0.96
4	6.36	0.88	0.52	1.01	0.38	0.47	0.44	1.03

小波包分解层数设为 3 层,数据划分成 8 个频段。对每组数据进行小波包变换,并计算能量特征值。任意选取每种故障下的两组数据,可以对比不同故障下的能量特征如图 4-3、图 4-4 所示。由于信号比较平滑,节点 1 对应的低频信号的能量值较大,为直观表达,这里只画出节点 2~节点 7 对应的高频能量值。其中,第一列为无故障数据,第二列为完全失效故障,第三列为数据偏差故障,第四列为增益变化故障,第五列为离群数据故障。从图中可以看出不同故障的能量特征向量不同,其中离

群数据由于突变点多,高频能量较多;无故障数据与增益变化故障的特征向量较为接近。对比两图可以看出,同一种故障的特征向量在不同组飞行数据中有一定的相似性。以上现象表明,可以通过能量特征区别各故障类型,可以尝试机器学习算法进行分类训练。

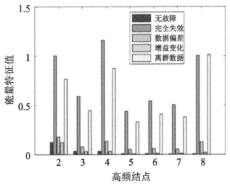

图 4-3 传感器原始数据能量特征向量 1

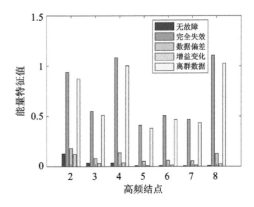

图 4-4 传感器原始数据能量特征向量 2

下面针对高超声速飞行器 RCS 的执行器故障进行故障特征提取,为了验证基于小波包分解结合核极限学习机故障诊断算法的有效性,对 RCS 执行器分别不注入故障和注入推力器延迟故障、完全失效故障、推力降低故障和开关失灵故障。在各种故障模式下以不同的飞行状态获得 50 组数据,共得到 250 组数据。取仿真中 $t=0.650\sim 1.650$ s 的各组数据进行小波包分解,小波包分解层数设为 3 层,数据划分成 8 个频段。对每组数据进行小波包变换,并计算能量特征值。表 4-3 所列展示了部分训练数据的特征向量,其中第一行数据为故障分类标签。

表 4-3 攻角数据特征向量

0	1	2	3	4
1 580.3	1 581.0	1 590.3	1 588.0	1 579.2
0.160 6	0.145 8	0.212 7	0.151 1	0.223 0
0.045 4	0.040 2	0.062 3	0.042 8	0.065 0
0.009 1	0.006 5	0.015 4	0.008 5	0.015 7
0.030 2	0.029 7	0.032 2	0.029 8	0.032 6
0.008 6	0.008 2	0.009 9	0.008 4	0.009 9
0.012 2	0.011 7	0.013 1	0.012 0	0.013 1
0.013 3	0.010 1	0.021 3	0.012 7	0.021 9

从表 4-3 的结果可以看出,每种故障的特征向量有一定的相似性,但直观分析数据难以有效识别故障。任意选取每种故障下的两组数据,不同故障下的能量特征

对比如图 4 - 5 所示(节点 3～8 的高频能量值)。

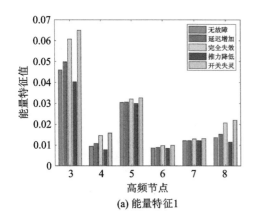

(a) 能量特征1

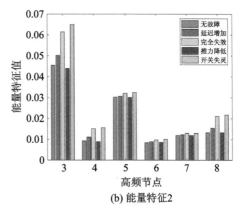

(b) 能量特征2

图 4 - 5　攻角数据特征向量

如图 4 - 5 所示,第一列为无故障数据,第二列为推力器延时故障,第三列为完全失效故障,第四列为推力降低故障,第五列为开关失灵的卡死故障。从对比仿真结果可以看出,不同故障的能量特征值在各频段都不尽相同。其中,无故障、推力器延时和推力降低故障的能量特征在高频节点较为接近,但在低频节点相差较大。同时,同一种故障的特征向量在不同组飞行数据中有一定的相似性。

本节的特征提取技术为后文基于核极限学习机的故障诊断算法设计奠定了基础。

4.2.3　特征筛选过程

在上一节中,对观测信号进行了小波包能量特征的提取。然而,能量特征的局限性在于其单一性和数据量的不充分性,不能详尽地描述故障信号的全部信息。因此,在面对节点能量较为接近的多种故障时,容易产生混淆。考虑到高速飞行过程中飞行器姿态的多变性,需要通过大量特征提取和适量特征选择兼顾故障特征的多样性、充分性和敏感性。

大量的特征提取主要通过小波包分解和统计学参数计算来实现。原始信号进行小波包变换分解后,通过小波包重构处理得到各个频段的分解信号,选取适当的统计学参数来描述这些分解信号的信息。表 4 - 4 给出了选择的统计学参数及其表达式。

由于没有证据表明其中任何一个频段特征比其他频段更重要,所以第三层的 8 个频段的分解信号的总共 72 个特征都需要考虑。

多样的观测特征在提高诊断精度的同时,其数量的增加也带来了诊断速度下降的新问题。也就是说,需要通过适量的特征选择过程对 72 个特征进行进一步过滤。不同的特征从不同的角度描述攻角信号,但它们在面对故障情况时表现出不同程度的反应和敏感度。过多的特征增加了后续诊断算法的负担,甚至导致过拟合问题。

表 4-4   统计学参数及其表达式

统计学参数	表达式	统计学参数	表达式
波形指标	$F_1 = \dfrac{\sqrt{\dfrac{1}{N}\sum\limits_{i=1}^{N} x_i^{\,2}}}{\dfrac{1}{N}\sum\limits_{i=1}^{N} \lvert x_i \rvert}$	均方误差	$F_6 = \sqrt{\dfrac{1}{N}\sum\limits_{i=1}^{N}(x_i - \bar{x})^2}$
裕度指标	$F_2 = \dfrac{\max(\lvert x_i \rvert)}{\left(\dfrac{1}{N}\sum\limits_{i=1}^{N}\sqrt{\lvert x_i \rvert}\right)^2}$	偏斜度	$F_7 = \dfrac{1}{N}\sum\limits_{i=1}^{N}\left(\dfrac{x_i - \text{ave}(x_i)}{\text{var}(x_i)}\right)^3$
脉冲指标	$F_3 = \dfrac{\max(\lvert x_i \rvert)}{\dfrac{1}{N}\sum\limits_{i=1}^{N}\lvert x_i \rvert}$	峭度	$F_8 = \dfrac{1}{N}\sum\limits_{i=1}^{N}\left(\dfrac{x_i - \text{ave}(x_i)}{\text{var}(x_i)}\right)^4$
峰值指标	$F_4 = \dfrac{\max(\lvert x_i \rvert)}{\sqrt{\dfrac{1}{N}\sum\limits_{i=1}^{N} x_i^{\,2}}}$	方根幅值	$F_9 = \left(\dfrac{1}{N}\sum\limits_{i=1}^{N}\lvert x_i \rvert\right)^2$
绝对均值	$F_5 = \dfrac{1}{N}\sum\limits_{i=1}^{N}\lvert x_i \rvert$		

同时,有一些互相之间高度相关的特征,不仅不会提高准确性,反而会白白浪费时间。为此,将通过距离评估技术(Distance Evaluation Technique,DET)消除冗余故障,并满足多样特征降维需求。由于传统算法本身存在缺陷,本节中也将提出具有一定指导意义的改进方法。

特征选择的核心思想是筛选敏感性更高的特征。敏感性参数的设置和计算,是以其作为衡量标准进行选择的决定性因素。下面将分步给出敏感性参数的计算过程。

计算提取的 72 个时频特征的类内距离和类间距离构成的敏感故障因子。具体地,首先计算特征的第一平均类内距离:

$$d_{k,j} = \frac{1}{I_k(I_k-1)}\sum_{l,i=1}^{I_k}\lvert q_{i,k,j} - q_{l,k,j}\rvert, \quad l,i=1,2,\cdots,I_k, \quad l \neq i \quad (4.15)$$

计算相同特征的第二类平均类内距离:

$$U_j = \frac{1}{K}\sum_{k=1}^{K} d_{k,j} \quad\quad\quad (4.16)$$

接着,不同特征之间的第一平均类间距离计算如下:

$$u_j = \frac{1}{K} \sum_{i=1}^{I_k} q_{i,j,k} \qquad (4.17)$$

计算第二类平均类间距离:

$$S_j = \frac{1}{K(K-1)} \sum_{k,e=1}^{K} |u_{e,j} - u_{k,j}|, \quad k,e=1,2,\cdots,K. \quad k \neq e \qquad (4.18)$$

最后,基于上述公式可计算得到敏感故障因子:

$$\alpha_j = \frac{U_j}{S_j} \qquad (4.19)$$

待选特征集按照对应的敏感故障因子 α_j 的值将特征进行从高到低排序,传统距离评估直接选取一定数量的前序特征作为敏感性特征。实验表明,这些特征在独立进行故障分类时能够得出令人满意的诊断效果,但诊断基于混合多特征进行判断时,不能达到预期效果。这是因为特征之间有很高的相关性。

本节在考虑不同特征相关性的前提下,计算基于斯皮尔曼相关性分析(Spearman Correlation Analysis)的冗余度因子,修正敏感故障因子,对距离评估算法给出改进。在特征排序完成后,将待选特征集按照顺序重新整合,并通过以下公式计算每个时频特征与其所有前序时频特征之间的冗余度因子 β_j:

$$\rho(q_{J_m}, q_j) = \frac{\sum_i (x_i - \bar{x})(y_i - \bar{y})}{\sqrt{\sum_i (x_i - \bar{x})^2 \sum_i (y_i - \bar{y})^2}} \qquad (4.20)$$

$$\beta_j = \frac{1}{M-1} \sum_{m=1}^{M-1} |\rho(q_{J_m}, q_j)|, \quad m=1,2,\cdots,M-1 \qquad (4.21)$$

式(4.21)中,M 表示第 j 个时频特征在按照故障敏感因子从高到低排序后的当前排序位置,$\rho(q_{J_m}, q_j)$ 表示当前排序位置为 m 对应的第 J_m 个时频特征和第 j 个时频特征之间的冗余度因子,x_i 和 y_i 分别表示第 j 和第 J_m 个时频特征的第 i 个样本对应的等级变量。设置阈值 β_t,当 $\beta > \beta_t$ 时,剔除该冗余度因子,对应的特征也不再作为敏感性特征的考虑范围。其他待选冗余因子 β_j 将结合该特征对应的敏感故障因子 α_j 进行敏感性参数 γ_j 的计算:

$$\gamma_j = \begin{cases} \alpha_j, & M=1 \\ \theta_1 \alpha_j - \theta_2 \beta_j, & M \geqslant 2 \end{cases} \qquad (4.22)$$

式中,θ_1 和 θ_2 分别表示对敏感度和冗余度关注程度的权值系数,为大于零的任意常数。

从所有敏感性参数中选取一定数量的较大敏感性参数,确定选取的较大敏感性参数对应的时频特征为敏感故障特征。

本节中考虑第 3 章建立的传感器故障,仿真模拟高超声速飞行器再入段飞行 3 s,在 1.5 s 注入故障,故障模型参数设置如下:数据偏差故障 $\Delta = 5°$,卡死故障输出保持 45°,增益变化故障 $\beta = 0.90$,离群数据故障 $\delta = 45°$。传统方法和改进方法对所提取的 72 个故障特征进行敏感性衡量的计算结果如图 4-6 所示。

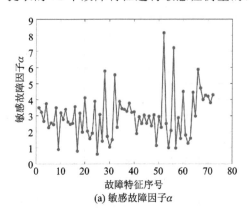

(a) 敏感故障因子 α

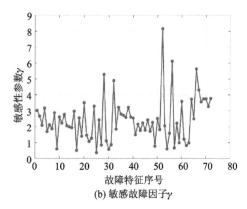

(b) 敏感故障因子 γ

图 4-6　敏感性衡量指标对比图

可以发现,冗余度的引入使得一些特征比其他特征具有更大程度的敏感性减弱,证明改进后的敏感性参数更加全面有效。

基于之前的分析,预设的特征数量多少是影响算法识别率的重要因素。因此通过简单的分类器基于选择的特征进行故障识别,绘出特征数量与算法识别率的关系曲线,并通过图 4-7 确定特征数量。

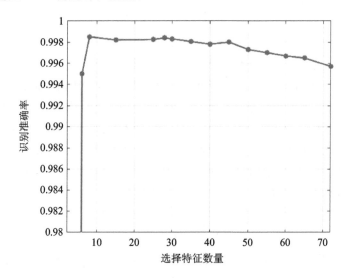

图 4-7　特征数量与算法识别率的关系曲线图

可以看出,在特征数量预设为 8 时,分类器能有最佳的表现。于是,基于故障敏感因子的距离评估技术选择 8 个序号分别为 28、32、52、56、60、64、67 的故障特征,而改进后的方法将特征 60 替换为特征 70。

本节的特征提取技术为后文基于支持向量回归分类的故障诊断技术奠定了基础。

| 4.3　数据驱动诊断算法原理 |

4.3.1　支持向量回归分类器原理

支持向量机(Support Vector Machine,SVM)是一种经典而有效的机器学习分类模型。作为一种线性二分类学习机,支持向量机的目标是找到一个满足约束条件的分类超平面,使每个样本到该超平面的距离最大。也就是说,找到满足以下表达式的最佳参数集$(\boldsymbol{w},b)$:

$$\max_{\boldsymbol{w},b}\min_{i}\ \frac{2}{\|\boldsymbol{w}\|}|\boldsymbol{w}^{\mathrm{T}}\boldsymbol{x}_i+b|$$

$$\mathrm{s.\,t.}\ \ \boldsymbol{y}_i(\boldsymbol{w}^{\mathrm{T}}\boldsymbol{x}_i+b)>0,\quad i=1,2,\cdots,m \tag{4.23}$$

式中,$\boldsymbol{x}_i$ 和 $\boldsymbol{y}_i$ 分别表示每个样本和标签的输入特征向量,i 是样本编号,$\boldsymbol{w}$ 表示飞行器的朝向,b 表示幅度偏差的标量阈值。

为了解决非线性问题,Boser 提出了核函数,可以表示为

$$\kappa(\boldsymbol{x}_i,\boldsymbol{x}_j)=\phi(\boldsymbol{x}_i)^{\mathrm{T}}\phi(\boldsymbol{x}_j) \tag{4.24}$$

其中,$\phi(\boldsymbol{x})$ 表示将样本 $\boldsymbol{x}$ 映射到构造的线性可分特征空间的对应特征向量。

在实际任务中,找到这样一个合适的核函数并不容易。另外,盲目追求数据的线性可分性可能使模型陷入过度拟合的泥淖。因此,需要放宽约束要求以接受少量的分类错误。与此同时,引入松弛变量 ξ_i 来度量样本违反约束的程度,将式改写为

$$\min_{\boldsymbol{w},b,\xi}\ \frac{1}{2}\boldsymbol{w}^{\mathrm{T}}\boldsymbol{w}+C\sum_{i=1}^{m}\xi_i$$

$$\mathrm{s.\,t.}\ \boldsymbol{y}_i(\boldsymbol{w}^{\mathrm{T}}\phi(\boldsymbol{x}_i)+b)>1-\xi_i,\quad i=1,2,\cdots,m$$

$$\xi_i\geqslant0,\qquad\qquad\qquad i=1,2,\cdots,m \tag{4.25}$$

其中,C 是一个可调参数,用于平衡两个优化目标区间和违反大区间约束的多个样本。

支持向量回归(Support Vector Regression,SVR)是基于支持向量机的原理而进一步发展的。它的基本思想不再是为寻找一个最优的分类曲面而将样本分为两类,而是最小化所有训练样本到分类曲面的距离。Vapnik 引入了不敏感损失函数来度量模型预测 $h(\boldsymbol{x}_i)$ 和标签值 $\boldsymbol{y}_i$ 的偏差,考虑 ε 一不敏感损失函数和偏差 $s=\boldsymbol{y}-(\boldsymbol{w}^{\mathrm{T}}\phi(\boldsymbol{x})+b)$,支持向量回归模型可以表示如下:

$$\min_{\boldsymbol{w},b}\ \frac{1}{m}\sum_{i=1}^{m}\max(0,|s|-\varepsilon)+\frac{\lambda}{2}\boldsymbol{w}^{\mathrm{T}}\boldsymbol{w} \tag{4.26}$$

4.3.2 核极限学习机原理

极限学习机(Extreme Learning Machine,ELM)于 2004 年由南洋理工大学的黄广斌提出,在保证学习精度的前提下拥有比传统的学习算法更快的运行速度。目前,极限学习机逐渐应用于图像识别、语音识别、非线性控制和故障诊断等领域。本书利用核极限学习机模型简单、分类效果好、计算速度快的优势进行故障分类器的设计。

极限学习机是一种单隐藏层前向神经网络,其结构如图 4-8 所示。其中,输入层为能量信号 E_i,$(i=1,2,\cdots,2^j)$,是上一步得到的能量特征向量,输入层神经元个数为 2^j;输出层为数据标签,输出层神经元个数为 5。

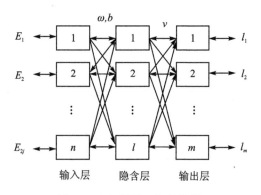

图 4-8 极限学习机结构图

给定 N 个任意不同的训练样本 $\{x_i,t_i\}_{i=1}^N$,其中 x_i 为输入向量,t_i 为对应的期望输出向量,标准的极限学习机带有 n 个输入神经元,l 个隐藏层神经元和 m 个输出神经元,激活函数 $g(x)$,其数学模型表示如下:

$$H\beta = T \tag{4.27}$$

其中,H 是随机特征映射矩阵,β 表示输出层和隐藏层之间的权值矩阵,T 表示训练样本期望输出矩阵。在隐藏层神经元参数 (w_i,b_i) 根据任意连续采样分布概率随机生成并给出训练样本之后,隐藏层输出矩阵 H 实际上是已知的,并且保持不变。这样,式(4.27)就转化为求解线性系统 $H\beta = T$ 的最小范数最小二乘解 $\hat{\beta}$。

$$\hat{\beta} = H^+ T \tag{4.28}$$

其中,H^+ 表示隐藏层输出矩阵 H 的 Moore-Penrose 广义逆矩阵。其输出可以表示为

$$l = Hv \tag{4.29}$$

其中

$$H = \begin{bmatrix} g(w_1 E_1 + b_1) & \cdots & g(w_L E_1 + b_L) \\ g(w_1 E_2 + b_1) & \cdots & g(w_L E_2 + b_L) \\ \cdots & \ddots & \cdots \\ g(w_1 E_N + b_1) & \cdots & g(w_L E_N + b_L) \end{bmatrix}_{N \times L}$$

H 为隐藏层输出矩阵，$g(\cdot)$ 为激活函数，常用的激活函数包括 sigmod 函数、sin 函数、tanh 函数和 radbas 函数等。

极限学习机算法训练的目的是求解线性系统 $\boldsymbol{y} = \boldsymbol{H}v$ 的最小二乘解 $\hat{v}$，即

$$\| \boldsymbol{H}\hat{v} - \boldsymbol{y} \| = \min_v \| \boldsymbol{H}v - \boldsymbol{y} \| \tag{4.30}$$

由于隐藏层的数量和样本 E 的数量通常不相等，即 N 与 L 不相等，使得 $\boldsymbol{H}$ 不是方形矩阵，因此，$\hat{v}$ 可以由 $\boldsymbol{H}$ 的 Moore-Penrose 广义逆矩阵表示：

$$\hat{v} = \boldsymbol{H}^+ \boldsymbol{y} \tag{4.31}$$

由正交投影理论可以得到 $\boldsymbol{H}^+ = \boldsymbol{H}^{\mathrm{T}}(\boldsymbol{H}\boldsymbol{H}^{\mathrm{T}})^{-1}$，则

$$v = \boldsymbol{H}^{\mathrm{T}}\left(\boldsymbol{H}\boldsymbol{H}^{\mathrm{T}} + \frac{\boldsymbol{I}}{C}\right)^{-1} \boldsymbol{y} \tag{4.32}$$

其中，C 为正则化系数，$\dfrac{\boldsymbol{I}}{C}$ 的取值相对很小。

为了利用极限学习机实现故障分类和测试，对不同信号设置标签，标签 $l = 0, 1, 2, 3, 4$。ω、b 分别为输入层节点与隐藏层节点的权重和偏置，v 为隐藏层节点和输出层节点的权重。

在统计学习理论中，既要考虑经验风险，又要考虑结构风险。极限学习机既要使经验误差最小化，又要使结构风险最小化。经验风险描述了过拟合现象，经验风险小对应着训练误差小，学习过程因此容易产生过拟合的问题，即虽然训练误差达到了最小，但测试误差较大，反而影响了全局的分类效果。为使输出权值最小化的同时误差能够最小化，可以利用拉格朗日乘子法构造拉格朗日函数。

极限学习机的一个隐含层可以看作映射空间，将样本映射到其他空间，这个思想与核函数的思想类似。

类似于支持向量机，引入核函数可以增强非线性映射能力，克服维数灾难。

以核函数 $K(x_i, x_j)$ 代替 $\boldsymbol{H}\boldsymbol{H}^{\mathrm{T}}$，可以得到核极限学习机的求解公式，即

$$g(x) = \begin{bmatrix} K(x, x_1) \\ \vdots \\ K(x, x_N) \end{bmatrix}^{\mathrm{T}} \left(\Omega_{ELM} + \frac{I}{C}\right)^{-1} l \tag{4.33}$$

采取径向基函数作为核函数，其表达式为

$$K(x, y) = \exp\left(-\frac{\| x - y \|^2}{2s^2}\right) \tag{4.34}$$

引入了核函数后，传统的极限学习机转化为核极限学习机。核函数具有强大的映射能力，不同的核函数可以应对不同模型的映射。相比于传统的极限学习机，核极

限学习机的计算速度、高维空间映射能力和非线性分类能力都有了一定的提高。而且,传统极限学习机隐藏层初始权值为随机设置的,当隐藏层神经元较多时,初始权值构成的初值矩阵维度较高,导致同一个训练集的多次的训练结果不尽相同,造成了分类或回归性能的不稳定。而核极限学习机用数量很少的核函数替代了原有的隐藏层,消除了这一不稳定因素,通过设置合适的核参数就能使极限学习机具有较高的性能和稳定性。

针对高超声速飞行器 RCS 故障诊断,本书设计了一种基于核极限学习机的故障诊断方法。也研究了核极限学习机的优化方法。核极限学习机的优化包括两个部分:核极限学习机的参数优化和核极限学习机的核函数优化。其中采用生物地理学算法对核极限学习机进行参数优化,选取了几种常用核函数进行试验比较后使用复合核函数的方法对核极限学习机进行核函数优化。

4.3.3 核极限学习机的核函数

1. 单一核函数

(1) 线性核函数

线性核是最简单的核函数,主要用于线性可分的情形,参数少,速度快,其数学形式如下:

$$K(x,y)=x^{\mathrm{T}}y \tag{4.35}$$

其中,x 和 y 分别表示故障信号的两组特征向量。

(2) 多项式核函数

多项式核是一种非标准核函数,适合于正交归一化后的数据,但其参数较多导致模型复杂,当多项式的阶数比较高时,核矩阵的元素值将趋于无穷大或无穷小,其数学形式如下:

$$K(x,y)=(\alpha x^{\mathrm{T}}y+c)^{d} \tag{4.36}$$

其中,d 为多项式核函数的参数,不同的 d 代表不同的函数属性,用来设置多项式核函数的最高项次数。

(3) 径向基核函数

以高斯核函数为经典型代表的鲁棒径向基核对于数据中的噪声有着较好的抗干扰能力,主要用于线性不可分的情形,分类结果非常依赖参数,其数学形式如下:

$$K(x,y)=\exp\left(-\frac{x-y}{2s^{2}}\right)^{2} \tag{4.37}$$

其中,s 为径向基核函数的宽度参数,不同的 s 代表不同的函数属性。

(4) 二层神经网络核函数(sigmoid 核函数)

sigmoid 核函数是 S 型函数,该函数被大量应用于深度学习,在某些参数条件下与径向基函数类似,其数学形式如下:

$$\boldsymbol{K}(x,y)=\tanh(\alpha \boldsymbol{x}^{\mathrm{T}}y+c) \tag{4.38}$$

其中，tanh 是双曲正切函数；α 和 c 分别为核函数比例参数和自由参数，用以控制核函数的空间映射能力。

2. 复合核函数

当目标诊断数据存在异构和多源的问题时，只选用一个核函数往往达不到预期效果，而选用多核函数，可以提高故障诊断的准确性和稳定性。因此，构造一个多核核函数对提高该极限学习机的智能诊断效果具有非常重要的作用。在满足 Mercer 定理的前提下，复合核函数通常有三种构造原理：线性组合、乘积组合、线性组合和乘积组合的叠加。

由于多项式核函数是局部核函数，具有较强的拟合能力，而径向基核函数是全局核函数，具有较强的外推能力，故选多项式核和径向基核作为复合函数的基函数。根据复合核函数的构造原理以及 Mercer 准则，构造复合核函数，即

$$K(x,y)=\frac{1}{2}(\rho K_p+(1-\rho)K_r+K_p K_r) \tag{4.39}$$

其中，ρ 为复合核函数修正系数，K_p 为多项式核函数，K_r 为径向基核函数。

4.4　参数优化算法

提取传感器故障的能量特征后，为进一步实现较高精度的故障诊断，将此问题转化为复杂的非线性模式识别问题。极限学习机算法综合考虑了统计学习中的经验风险与结构风险，正则化参数的大小可以决定结构风险的大小。然而传统的极限学习算法不稳定，因此，经过研究诞生了核极限学习机。考虑到核极限学习机的参数人为设置的主观性问题，这里利用数值优化方法进行参数自动选择，以获取更好的故障诊断结果。其中，通过对比三种主流启发式算法对核极限学习机的优化效果，讨论了差分地理学算法的优越性。

4.4.1　生物地理学算法

生物地理学（Biogeography-based Optimization，BBO）算法由 Dan Simon 在 2008 年首次提出，是基于生物地理学理论而发展起来的优化算法，主要考察物种的产生、灭绝以及迁移。图 4-9 所示为生物地理学物种迁移模型。在一个区域栖息地内，物种数和生存适宜度（Habitat Suitability Index，HSI）成正比。当 HSI 增高，栖息地物种将

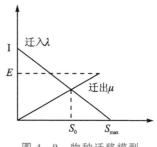

图 4-9　物种迁移模型

趋于饱和迁出,而 HSI 降低,栖息地物种将迁入或者灭绝。而生物地理学物种迁移的表现为 BBO 算法就是建立在生物地理学理论上,模拟物种迁移和突变而寻求最优解的方法。

定义 P_s 为某一栖息地物种为 S 的概率,则从 t 到 $t+\Delta t$,P_s 变化的函数模型为

$$P_s(t+\Delta t) = P_s(t)(1-\lambda_s\Delta t - \mu_s\Delta t) + P_{s-1}\lambda_{s-1}\Delta t + P_{s+1}\mu_{s+1}\Delta t \quad (4.40)$$

其中,λ_s 表为物种迁入率;μ_s 为物种迁出率。等式成立条件为

(1) 在 t 时有 S 个物种,从 t 到 $t+\Delta t$ 物种没有迁入或迁出。

(2) 在 t 时有 $S-1$ 个物种,在 t 到 $t+\Delta t$ 有一个物种迁入。

(3) 在 t 时有 $S+1$ 个物种,在 t 到 $t+\Delta t$ 有一个物种迁出。

当 Δt 足够小时,可以假设最多只有一个物种的迁入或迁出,则当 $\Delta t \rightarrow 0$ 时,概率变化率求极根得

$$\dot{P} = AP$$

其中,$P = [P_0 \quad P_1 \quad \cdots \quad P_n]^{\mathrm{T}}$,$n = s_{\max}$。

$$\dot{P}_s = \begin{cases} -(\lambda_s + \mu_s)P_s + \mu_{s+1}P_{s+1}, & s=0 \\ -(\lambda_s + \mu_s)P_s + \lambda_{s-1}P_{s-1} + \mu_{s+1}P_{s+1}, & 1 \leqslant s \leqslant s_{\max}-1 \\ -(\lambda_s + \mu_s)P_s + \lambda_{s-1}P_{s-1}, & s = s_{\max} \end{cases}$$

$$A = \begin{bmatrix} -(\lambda_0 + \mu_0) & \mu_1 & 0 & \cdots & 0 \\ \lambda_0 & -(\lambda_1 + \mu_1) & \mu_2 & \ddots & \vdots \\ \vdots & \ddots & \ddots & \ddots & \vdots \\ \vdots & \ddots & \lambda_{n-2} & -(\lambda_{n-1} + \mu_{n-1}) & \mu_n \\ 0 & \cdots & 0 & \lambda_{n-1} & -(\lambda_n + \mu_n) \end{bmatrix}$$

由图 4-9 可知,假设 $E = I$,种群数量为 k,则

$$\begin{cases} \mu_k = \dfrac{Ek}{n} = \dfrac{Ik}{n} \\ \lambda_k = I\left(1 - \dfrac{k}{n}\right) \end{cases}$$

于是 A 可以改写为

$$A = E \begin{bmatrix} -1 & \dfrac{1}{n} & 0 & \cdots & 0 \\ \dfrac{n}{n} & -1 & \dfrac{2}{n} & \ddots & \vdots \\ \vdots & \ddots & \ddots & \ddots & \vdots \\ \vdots & \ddots & \dfrac{2}{n} & -1 & \dfrac{n}{n} \\ 0 & \cdots & 0 & \dfrac{1}{n} & -1 \end{bmatrix} = EA'$$

A' 的特征值是 $\begin{bmatrix} 0 & -2/n & -4/n & \cdots & -2 \end{bmatrix}$，特征值为 0 时对应的特征向量为

$$
\begin{cases}
\boldsymbol{v} = \begin{bmatrix} v_1 & v_2 & \cdots & v_{n+1} \end{bmatrix} \\
v_1 = \begin{cases} \dfrac{n!}{(n-1-i)!\,(i-1)!}, & i=1,2,\cdots,\mathrm{ceil}\left(\dfrac{n+1}{2}\right) \\[2mm] v_{n+2-i}, & i=\mathrm{ceil}\left(\dfrac{n+1}{2}\right),\cdots,n+1 \end{cases}
\end{cases}
$$

式中，ceil(·)为向上取整函数。

由此可得

$$
\boldsymbol{P}(n) = \begin{bmatrix} P(s_1) & P(s_2) & \cdots & P(s_n) \end{bmatrix} = \frac{\boldsymbol{v}}{\displaystyle\sum_{i=1}^{n+1} v_i} \tag{4.41}
$$

另外，若某栖息地有自然灾害等现象发生，则物种会通过变异以适应环境，即生物地理学中的突变。栖息地物种突变概率函数和种类概率成反比，表示为

$$
m(x_i) = m_{\max}\left(\frac{1-P(s_i)}{P_{\max}}\right) \tag{4.42}
$$

其中，$m_{\max}$ 为最大突变率。此函数表明在 HSI 较低时，该栖息地更容易发生突变，而 HSI 也会随着随机事件的发生而发生突变。

4.4.2　生物地理学优化算法流程

在实际优化中，BBO 算法流程如图 4-10 所示。

Step 1：初始化 BBO 算法的各个参数。

Step 2：初始化各个栖息地的适宜度向量 x_i，$i=1,2,\cdots,n$。

Step 3：计算得到第 i 个栖息地的适宜度 $f(x_i)$ 以及改栖息地迁入/迁出率和物种种类数，其中 $i=1,2,\cdots,n$。

Step 4：根据循环计算适宜指数变量（Suitabilting Index Variables，SIV）（循环次数为 n）来判断栖息地 i 是否需要迁入操作。

Step 5：先更新栖息地 $P(x_i)$，然后通过计算来判断是否发生突变，最后重新计算得到该栖息地的适宜度 $f(x)$。

Step 6：如果满足优化目标则输出最优解，否则跳转到 Step 3 继续。

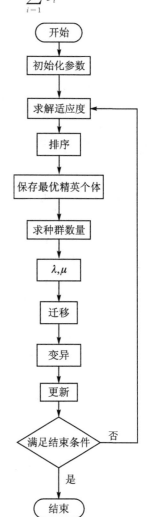

图 4-10　BBO 优化算法流程图

4.4.3　差分进化生物地理学优化算法

差分进化算法(Differential Evolution,DE)也是一种启发式搜索算法。与其他进化算法相同,差分进化算法也包含变异、交叉和选择三个过程。在变异过程中,利用两个个体的差分加权,与其他个体生成新的个体,然后再进行交叉和选择过程。差分进化算法是近年来的研究热点,因其比众多启发式算法,表现出了更加优异的性能。相比于应用广泛的遗传算法和粒子群算法,差分进化算法在计算速度、局部搜索能力等重要性能方面都表现更好。

传统 BBO 算法的变异过程与遗传算法相似。当发生变异时,种群中个体的一个或多个基因由随机生成的基因替换,这使得算法的局部搜索能力变弱。因此可以将差分进化算法的变异过程引进 BBO 算法,形成差分进化生物地理学优化(Differential Biogeography Optimization,DEBBO)算法。差分进化算法的变异过程如下:

$$V_k = X_1 + F(X_2 - X_3) \tag{4.43}$$

其中,$X_i, i=1,2,3$ 是种群中的三个个体;V_k 是变异产生的新个体;F 为差分因子,理论上 $F \in [0,1]$,在实际使用时取值范围可以扩展为 $[0,2]$。

4.4.4　差分生物地理学算法优化的核极限学习机

以径向基函数作为核函数的极限学习机包含两个待优化参数,正则化参数 C 和核参数 s。其中,正则化参数 C 影响训练精度和稳定性,可以认为是平衡训练精度与测试精度的参数。C 越大,系统训练精度越高,但稳定性越差,所以取值范围通常设置为 $[10^{-4},10^4]$。另一个核参数 s 的取值范围通常为 $[0.1,10]$。

极限学习机的训练结果体现在四个方面:训练精度 A_{train}、测试精度 A_{test}、训练时间和测试时间。参数 C 和 s 的选取影响其中的 A_{train} 和 A_{test},因此将优化的目标函数设置为

$$\min F = \boldsymbol{K} \cdot [A_{train}, A_{test}] \tag{4.44}$$

其中,$\boldsymbol{K} = [k_1, k_2]$ 是常值系数矩阵。

▎4.5　高超声速飞行器反作用控制系统故障诊断▎

4.5.1　高超声速飞行器反作用控制系统传感器故障在线诊断

传感器是飞行器控制系统中不可或缺的组成部件,传感器的高可靠性对确保飞行器复杂系统可靠安全的运行至关重要。传感器在闭环控制系统中具有重要作用,控制器通过比较传感器测量得到的真实值与参考值将两者误差最小化。传感器数据

的完整性在控制进程中十分重要,因为无效的传感器测量数据会导致闭环系统问题以及控制器不当的纠正动作。因此,智能过程中传感器和控制系统的集成需要传感器的故障诊断。现今的发展趋势是将状态检修应用到复杂进程中以最小化故障时间并最大化效益。考虑到状态检修依赖于传感器提供的信息,在采取状态检修方法时必须考虑传感器的可靠性。进程中的线性和动态性能行为使得多传感器故障诊断和分离成为一个具有挑战性的任务,因为传感器提供的数据反映了进程的非线性特征,这可能导致非线性特征和传感器本身故障之间的混淆。

随着导航和传感器技术的发展,高超声速飞行器 RCS 系统通常融合多种传感器的信息,以获得更高的导航精度。导航系统主要包括组合导航、导引头、嵌入式大气数据测量系统(Flush Air Data Sensing System,FADS);组合导航系统包含惯性、卫星、星光、合成孔径雷达(Synthetic Aperture Radar,SAR)等;导引头包括雷达成像、光电成像等;大气数据测量系统包括压力传感器和相关算法处理模块,提供攻角、侧滑角和马赫数的信息。多传感器信息融合技术使得正常状态下的飞行器有更高的导航精度,但同时也增加了单个或多个传感器发生故障的概率。对于多传感器故障问题,通常的处理方式有多数投票法、加权平均法和软计算方法。前两种方法通过硬件冗余增加系统的可靠性,比如在系统上安装 3 个相同的硬件,根据输出结果互相的差值大小隔离其中一个并取剩余二个结果的平均值,或者直接以三组结果的平均值作为导航信息。基于硬件冗余的方法的优点是设计和集成相对简单,同时提供了可以接受的故障检测效果,然而无法应对多个传感器同时发生故障的情况。

这里将前述的故障诊断算法扩展。对于多个传感器的情况,首先每个信号源的数据分别做特征提取,传感器 A 和传感器 B 信号的特征向量分别为 $E_A = [l_A, E_{A1}, E_{A2}, \cdots, E_{A2^j}]$,$E_B = [l_B, E_{B1}, E_{B2}, \cdots, E_{B2^j}]$,其中 l_A, l_B 是训练的故障标签,其余分量为小波包分解得到的能量分量,然后经过多源特征融合后,新的特征向量为

$$E = [l, E_{A1}, E_{A2}, \cdots, E_{A2^j}, E_{B1}, E_{B2}, \cdots, E_{B2^j}]$$

在一次学习过程中,多源特征是对单源特征在飞行器状态信息上的补充,无论单个或多个传感器发生故障,诊断都从信号本身特征入手,而不依靠信号之间的关系。

为了验证采用不同优化方法进行优化的核极限学习机算法在传感器故障诊断问题的有效性,以采用小波包分解及特征提取得到的样本数据进行训练和测试,分别获得无故障、数据偏差故障、完全失效故障、增益变化故障和离群数据故障的数据,每种状态的数据为 50 组,共 250 组,将其平分为训练数据和测试数据。

极限学习机中隐藏层的初始权值为随机设置,因此每次训练的结果都不相同,导致诊断结果不稳定,不适合使用优化算法获得其隐藏层神经元个数,这里根据优化结果和多次调试经验,设置隐藏层神经元个数为 2 000,正则化参数的值为 8 000。应用 Matlab 2016b 对算法进行仿真,计算机配置有 i5 - 6200U 处理器,8G 内存和 64 位 Win10 系统。

由于诊断结果不稳定,通过多次训练测试评估其诊断结果,如表4-5所列。

表4-5 基于传统极限学习机的故障诊断结果

诊断次数	训练精度/%	测试精度/%	训练时间/s	测试时间/s
1	99.20	96.80	1.390 6	0.031 3
2	99.20	96.00	1.562 5	0.015 6
3	99.20	96.80	1.312 5	0.031 3
4	99.20	96.00	1.421 9	0.015 6
5	99.20	96.80	1.453 1	0.031 3

通过总结诊断结果可以得到,训练精度达到99.2%,测试精度为96.0%或96.8%,训练时间为1.3~1.6 s,测试时间小于0.04 s。

若是采取离线训练方式,可以不考虑训练时间较长带来的影响。从结果可以看出,在机载计算机性能优异的情况下,应用传统的极限学习机可以达到较高的故障诊断精度。然而当隐藏层神经元取为2 000后,在训练过程中,需要计算2 000行8列矩阵的广义逆矩阵;在测试中,也需要进行行列数为2 000的矩阵运算,对于机载计算机将会是一个重大的负担。

此外,测试精度的不确定性表现明显,根据极限学习机原理,可以分析出是由于隐藏层参数的随机设置造成了这一结果的不稳定。

下面分别使用BBO和DEBBO算法优化核极限学习机,其中BBO详细设置如表4-6所列。对于DEBBO,所包含的其余相关参数的设置如表4-7所列。参数C与s的取值范围为[1,3 000]和[0.1,1],目标函数中的常值参数矩阵为[1,10]。

表4-6 生物地理学优化算法参数设置

参数名称	值	参数名称	值
进化代数	200	栖息地数量	20
初始基因变异率	0.001	最大迁入率	1
精英数	3	最大迁出率	1
种群规模	20		

表4-7 DEBBO参数设置补充

参数名称	数值
差分因子	0.5
变异概率	0.5

为了验证算法的优越性,利用MATLAB中的遗传算法(Genetic Algorithm,GA)工具箱,对比DEBBO与GA对极限核学习机的优化性能。GA算法中,种群规

模同样设置为 20,采用高斯变异算子,最高代数为 200,若优化在 100 代过程中保持不变,则终止优化,详细设置界面如图 4-11 所示。

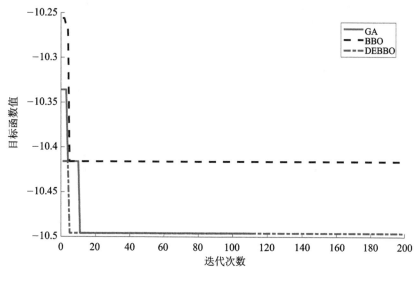

图 4-11　遗传算法工具箱设置

利用 GA、BBO、DEBBO 三种算法的优化目标函数曲线如图 4-12 所示。

图 4-12　目标函数曲线

在图 4-12 中,GA 与 DEBBO 的优化结果为 -10.496,BBO 的优化结果为 -10.416。其中,DEBBO 以最少的迭代次数,最快地达到了最优结果。在多次仿真过程中,GA 算法有一定的几率得到 -10.416 或 -10.488 的结果,即可能陷入了局部最优解。各方法对应的参数优化结果和故障诊断精度如表 4-8 所列。

表 4-8 三种方法优化结果对比

优化方法	参数 C	参数 s	训练精度/%	测试精度/%
GA	2 547.8	0.456	97.6	95.2
DEBBO	2 065.9	0.451 9	97.6	95.2
BBO	1 649	0.375	97.6	94.4

对比表 4-7 所列结果,可以看出,GA 与 DEBBO 算法对核极限学习机的优化可以得到更好的故障诊断结果,而 BBO 算法没有搜索出最优值,使得故障诊断精度相对较低。

利用优化得到的参数训练核极限学习机。以一组测试数据的其中一组数据偏差故障为例,故障注入时间为第 9 s,采样时间为 0.001 s。以 1 s 的时间窗扫描数据,对第 8.005 s 至 9.005 s 间的数据进行小波包分解,得到特征向量 $[4.88, 0.18, 0.08, 0.14, 0.05, 0.06, 0.05, 0.13]$,将特征向量输入核极限学习机,得到计算后的实际输出值为 $[-0.85, -1.03, 0.45, -0.61, -0.96]^T$,其中,第三个神经元的输出值 0.45 为最大值,对应的故障为数据偏差故障,即正确检测出故障类型。测试时间为 0.1 ms 以下。因此,在故障发生后的 5 个周期内,即可检测出故障类型。

下面给出各种故障诊断的统计数据,算法在 MATLAB 2016b 上运行仿真,计算机配置有 i5-6200U 处理器,8G 内存,64 位 Win10 系统。

从仿真结果的统计值可以看出,无故障和数据增益变化故障的诊断精度相对较低。对于无故障和数据增益故障,可以从图 4-13 分析出其诊断精度较低的原因。图中的三个坐标轴分别为节点 2、3、4 的能量,无故障和数据增益变化故障的故障特

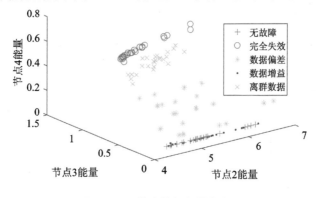

图 4-13 故障特征向量分布

征向量接近。根本原因在于数据增益故障为缓变故障,其余故障为突变故障,缓变故障下传感器信号的频率变化不明显,故能量特征分布变化不明显。

如表 4-9 结果所列,对于完全失效故障、数据偏差故障和离群数据故障,即使故障微弱到如表 4-10 所列的程度,经过优化后的核极限学习机仍然可以以 100% 的精度实现故障诊断,并且在故障发生后,平均测试时间小于 1 ms,即只需要 5 个采样周期的时间即可诊断出故障类型。此传感器故障诊断算法可以克服其他传统诊断算法对飞行器模型的依赖,可以快速有效地诊断传感器突变故障。

表 4-9　不同类型的故障诊断结果

故障类型	无故障	完全失效	数据偏差	增益变化	离群数据
诊断精度/%	84	100	100	92	100

表 4-10　微小故障的诊断结果

故障类型	完全失效	数据偏差/(deg/s)	离群数据/(deg/s)
最小故障值	—	0.1	0.1

通过对比表 4-5 和表 4-8 可知,基于核极限学习机的高超声速飞行器 RCS 故障诊断算法在训练速度上有了大幅提升,在测试时间上都满足实时性要求。利用核极限学习机的诊断方法在训练和测试精度上相对低了 1%~2%,说明核函数的映射能力相对较差。可以采取离线的训练方式,以高超声速飞行器 RCS 的半实物仿真数据训练算法,利用训练好的算法在线诊断高超声速飞行器 RCS 的故障。也可以通过对核极限学习机的核函数进行优化,提高核函数的映射能力。核函数的优化将在下文进行研究。

总体来说,基于核极限学习机的高超声速飞行器 RCS 传感器故障诊断方法以数据驱动的方式对传感器突变故障实现快速准确的诊断,诊断精度在 95% 以上。

针对多源传感器下的高超声速飞行器 RCS 故障诊断,其攻角测量量由两个传感器获取,分别为惯性导航和 FADS,惯导信号中加入标准差为 0.002 deg/s 的噪声,FADS 信号中加入 0.01 deg/s 以内的随机噪声,飞行器攻角指令为若干正弦函数的叠加。

分别在每个传感器信号中注入完全失效故障、离群数据故障,每种故障或非故障状态仿真飞行 50 次,得到 300 组数据。

FADS 传感器的精度较低,噪声比较大,导致发生数据偏差或增益变化故障时,传感器输出信号在频域上的变化不明显,因此,仿真只研究了完全失效故障和离群数据故障。如图 4-14 所示,两个传感器观测的都是攻角状态,故只有在故障发生时数据才有较大的差别。

按照与单传感器故障诊断相同的流程,经过特征提取与核极限学习机训练后,最终的故障诊断结果如表 4-11 所列,目标函数的优化曲线如图 4-15 所示。从仿真结果可以看出,所设计的故障诊断算法在飞行器使用多源传感器导航时,对于完全失

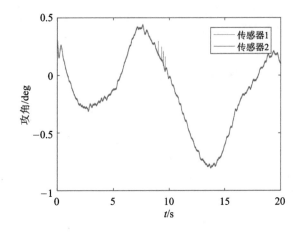

图 4 - 14 传感器 1 发生故障时的攻角

效故障和离群数据故障,尽管信号中有较大的噪声,仍然能以较高的精度得出诊断结果。特别是对于一次飞行中,如果两个传感器先后发生故障,可以认为是经过两次单独的诊断。

表 4 - 11 多源传感器故障诊断结果

指　标	训练精度/%	测试精度/%	训练时间/ms	测试时间/ms
诊断结果	98.67	98.67	1.3	2.2

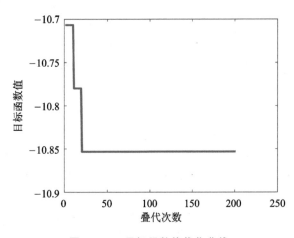

图 4 - 15 目标函数值优化曲线

　　针对 RCS 传感器的数据偏差、卡死故障、增益变化和离群故障,对比在优化参数后的线性核函数、多项式核函数、径向基核函数、二层神经网络核函数(sigmoid 核函数)以及复合核范数在基于核极限学习机的故障诊断方法中的使用情况,诊断结果在表 4 - 12~表 4 - 16 中列出,可视化的核极限学习机分类输出在图 4 - 16~图 4 - 20 中给出。

表 4 - 12　使用线性核函数的诊断结果

故障类型	训练时间/s	测试时间/s	训练精度/%	测试精度/%
无故障	0.000 8	0.000 036	86.40	76
数据偏差	0.000 5	0.000 030	86.40	100
卡死故障	0.000 5	0.000 027	86.40	76
增益变化	0.000 5	0.000 025	86.40	84
离群点故障	0.000 5	0.000 026	86.40	100

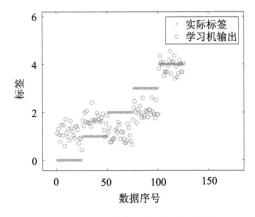

图 4 - 16　线性核函数学习机输出

表 4 - 13　使用多项式核函数的诊断结果

故障类型	训练时间/s	测试时间/s	训练精度/%	测试精度/%
无故障	0.002 6	0.000 5	100	100
数据偏差	0.002 3	0.000 3	100	100
卡死故障	0.002 6	0.000 5	100	100
增益变化	0.002 6	0.000 5	100	100
离群点故障	0.002 6	0.000 5	100	100

表 4 - 14　使用径向基核函数的诊断结果

故障类型	训练时间/s	测试时间/s	训练精度/%	测试精度/%
无故障	0.000 7	0.000 1	100	100
数据偏差	0.000 7	0.000 1	100	100
卡死故障	0.000 7	0.000 1	100	100
增益变化	0.000 7	0.000 2	100	100
离群点故障	0.000 7	0.000 1	100	100

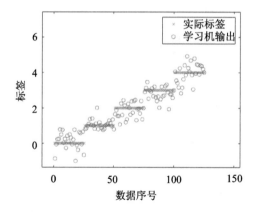

图 4 - 17　多项式核函数学习机输出

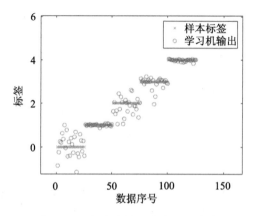

图 4 - 18　径向基核函数学习机输出

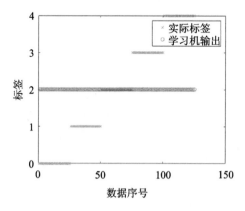

图 4 - 19　sigmoid 核函数学习机输出

表 4 – 15　sigmoid 核函数的诊断结果

故障类型	训练时间/s	测试时间/s	训练精度/%	测试精度/%
无故障	0.000 5	0.000 068	20	0
数据偏差	0.001 2	0.000 1	20	0
卡死故障	0.001 2	0.000 1	20	100
增益变化	0.001 2	0.000 1	20	0
离群点故障	0.001 2	0.000 1	20	0

表 4 – 16　使用复合核函数的诊断结果

故障类型	训练时间/s	测试时间/s	训练精度/%	测试精度/%
无故障	0.002 9	0.000 4	100	100
数据偏差	0.002 8	0.000 4	100	100
卡死故障	0.002 8	0.000 6	100	100
增益变化	0.001 8	0.000 4	100	100
离群点故障	0.002 2	0.000 6	100	100

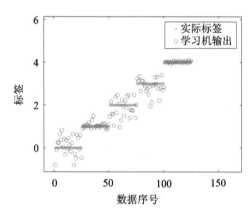

图 4 – 20　复合核函数学习机输出

　　由于攻角传感器故障对攻角的测量有着直接影响,作为反馈信号又间接影响了飞行器的飞行状态,故各种故障都有着较为明显的数据变化。由图 4 – 16 至图 4 – 20,以及表 4 – 12 至表 4 – 16 所示结果可知多项式核函数、径向基核函数和复合核函数都能准确地进行故障诊断,另外三者中径向基核函数的训练时间最短。

　　本部分内容实现了高超声速飞行器 RCS 传感器的故障诊断,综合了小波包分解的时频分析功能和极限学习机算法计算速度良好的优点,利用小波包分解算法,解决传感器故障的特征提取问题,克服了时域特征不敏感的不足;进而结合差分进化生物地理学极限学习机算法,解决在线故障诊断问题,克服了其他算法存在的实时性差的缺点。此方法适合多传感器故障的诊断,诊断过程在特征层融合了多源传感器数据,克服了传统方法的冗余硬件设计困难,减少了飞行器载荷。同时利用多种核函数优化的核极限学习机对飞行器 RCS 传感器故障进行诊断。总体的仿真结果表明,所设计的故障诊断算法可以快速有效地实现飞行器 RCS 传感器故障诊断。

4.5.2 高超声速飞行器反作用控制系统推力器故障在线诊断

针对 RCS 反作用推力器的推力延迟、完全失效、推力降低和开关失灵(卡死)故障,对比在优化参数后的线性核函数、多项式核函数、径向基核函数、二层神经网络核函数(sigmoid 核函数)以及复合核函数在基于核极限学习机的故障诊断方法中的使用情况,诊断结果分别见表 4-17~表 4-21 及图 4-21~图 4-24。

表 4-17 使用线性核函数的诊断结果

故障类型	训练时间/s	测试时间/s	训练精度/%	测试精度/%
无故障	0.000 4	0.000 02	90.4	56
延迟增加	0.000 3	0.000 015	90.4	64
完全失效	0.000 3	0.000 014	90.4	100
推力降低	0.000 3	0.000 013	90.4	100
开关失灵	0.000 3	0.000 014	90.4	100

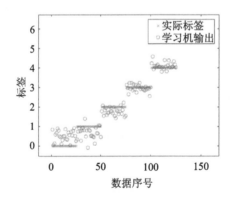

图 4-21 线性核函数学习机输出

表 4-18 使用多项式核函数的诊断结果

故障类型	训练时间/s	测试时间/s	训练精度/%	测试精度/%
无故障	0.003 2	0.000 05	100	92
延迟增加	0.003 0	0.000 46	100	92

续表 4 – 18

故障类型	训练时间/s	测试时间/s	训练精度/%	测试精度/%
完全失效	0.002 9	0.000 36	100	100
推力降低	0.002 9	0.000 42	100	100
开关失灵	0.003 5	0.000 47	100	100

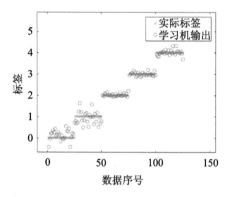

图 4 – 22　多项式核函数学习机输出

表 4 – 19　使用径向基核函数的诊断结果

故障类型	训练时间/s	测试时间/s	训练精度/%	测试精度/%
无故障	0.000 87	0.000 18	100	100
延迟增加	0.000 74	0.000 18	100	88
完全失效	0.001 4	0.000 19	100	100
推力降低	0.001 1	0.000 17	100	100
开关失灵	0.001 0	0.000 19	100	100

表 4 – 20　使用 sigmoid 核函数的诊断结果

故障类型	训练时间/s	测试时间/s	训练精度/%	测试精度/%
无故障	0.000 7	0.000 1	20	0
延迟增加	0.000 4	0.000 07	20	0
完全失效	0.000 4	0.000 06	20	100
推力降低	0.000 4	0.000 06	20	0
开关失灵	0.000 4	0.000 06	20	0

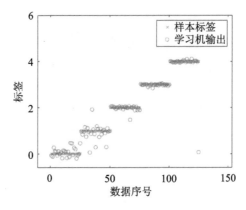

图 4-23 径向基核函数学习机输出

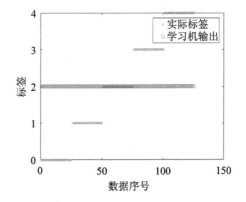

图 4-24 sigmoid 核函数学习机输出

表 4-21 使用复合核函数的诊断结果

故障类型	训练时间/s	测试时间/s	训练精度/%	测试精度/%
无故障	0.002 9	0.000 46	100	96
延迟增加	0.001 3	0.000 23	100	96
完全失效	0.002 7	0.000 35	100	100
推力降低	0.001 8	0.000 56	100	100
开关失灵	0.002 7	0.000 35	100	100

　　从以上结果可以看出,sigmoid 核函数无法实现所有故障的诊断,同时线性核函数分类效果很差。单一核函数下多项式核函数和径向基核函数均能达到较好的分类精度,但是多项式核函数的训练时间较长。当目标诊断数据存在异构数据集和多数据源的问题时,若选用单一核函数往往达不到预期结果,选用多核函数可以提高诊断的准确性和稳定性。应注意的是使用复合核函数时会使实验精度得到提升,但相应训练时间也会延长。

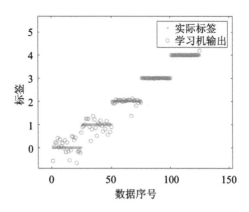

图 4 - 25　复合核函数学习机输出

同时可以注意到,相比于完全失效、推力降低、开关失灵故障,延迟增加与无故障的区分精度不高。这是由于后三种故障均属于突发性故障,而延时故障属于缓变故障,其在低频段信号变化不明显。

4.5.3　高超声速飞行器执行器和传感器复合故障在线诊断

利用小波包分解算法对仿真所得 0.650～1.650 s 的输出数据进行特征提取,计算能量特征值。其中一个样本数据的特征提取结果如表 4 - 22 所列,其中标签为 0,1,2,3,4,5,分别对应无故障推力器完全失效,推力器开关失灵传感器数据偏差,推力器完全失效和传感器数据偏差同时发生,推力器开关失灵和传感器数据偏差。

表 4 - 22　攻角数据特征向量

高频节点	标　签					
	0	1	2	3	4	5
1	1 580.220 474	1 590.183 505	1 579.197 211	1 602.935 771	1 615.288 303	1 602.081 126
2	0.162 898 758	0.211 414 555	0.222 940 092	1.235 755 903	1.211 585 465	1.238 582 839
3	0.046 002 836	0.061 962 84	0.065 010 214	2.403 073 006	2.402 739 595	2.403 392 301
4	0.009 357 863	0.015 279 57	0.015 746 22	2.018 367 419	2.018 075 316	2.018 305 516
5	0.030 192 646	0.032 221 148	0.032 574 268	0.669 260 956	0.668 536 086	0.669 237 474
6	0.008 548 506	0.009 939 13	0.009 994 984	0.663 547 94	0.663 313 472	0.663 576 683
7	0.012 050 446	0.012 958 75	0.013 073 275	1.206 386 669	1.206 180 452	1.206 307 517
8	0.013 607 363	0.021 119 153	0.021 868 747	0.886 217 085	0.885 862 934	0.886 256 921

从图 4 - 26 可以看出,后三种故障高频节点处的能量特征极为接近,仅在节点 1、2 处存在微小差异,可见传感器的数据偏差故障对执行器故障输出影响较大,其诊

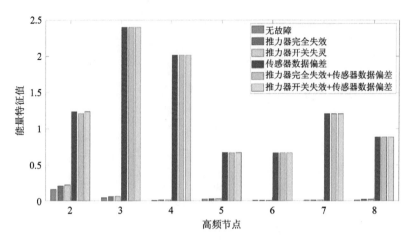

图 4 - 26 攻角数据特征向量示意图

断难度较高。

使用优化参数后的复合核函数极限学习机进行故障诊断,诊断结果见表 4 - 23。

表 4 - 23 复合故障诊断结果

故障类型	训练时间 / s	测试时间 / s	训练精度 / %	测试精度 / %
无故障	0.003 7	0.000 45	99.33	100
推力器完全失效	0.003 8	0.000 44	99.33	100
推力器开关失灵	0.003 6	0.000 42	99.33	100
传感器数据偏差	0.004 5	0.000 81	99.33	76
推力器完全失效＋传感器数据偏差	0.003 9	0.000 5	99.33	100
推力器开关失灵＋传感器数据偏差	0.003 2	0.001 2	99.33	100

从图 4 - 27 中的诊断结果可以看出,各故障诊断精度都很高,基本上都达到了

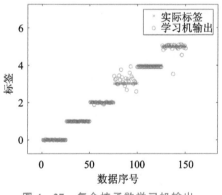

图 4 - 27 复合核函数学习机输出

90％。其中故障传感器数据偏差和复合故障推力器开关失灵相对于传感器数据偏差复合故障的诊断精确度较低，表明传感器数据偏差故障对推力器卡死故障的诊断影响较大。以上现象的原因可能是两种故障对攻角传感器信号输出的相位影响较小，导致两者能量特征的低频部分差异也较小。

| 4.6　本章小结 |

本章进行了高超声速飞行器 RCS 的故障在线诊断研究。首先对基于小波包分解的特征提取技术和对核极限学习机的原理进行了设计和研究，接下来对核极限学习机进行了优化方法的介绍，包括核极限学习机的参数优化和核极限学习机的核函数优化。其中，参数优化的方法采用生物地理学算法，并对生物地理学算法和差分进化生物地理学算法进行了研究和设计。针对核函数优化，采用单一核函数和复合核函数的方法进行了设计和对比仿真。最后针对传感器故障、执行器故障、RCS 安装方向反故障和高超声速飞行器的执行器传感器复合故障分别进行了故障模式在线诊断技术的研究和仿真。

第 5 章
高超声速飞行器 RCS 控制分配方法

| 5.1　引　言 |

传统的飞行器一般仅需要建立气动舵与被控对象之间的数学模型即可进行姿态控制系统的设计,而控制器可以输出舵指令直接作用于舵。而高超声速飞行器在再入滑翔段初期仅依靠传统气动舵无法保证其姿态控制力矩需求,因此姿态控制系统的执行机构由 RCS 和气动舵共同担任。为了提高飞行器的可靠性,保证推力器故障下的控制裕度,RCS 多采用推力器硬件冗余的设计。本书研究的 8 推力器的 RCS 就是具有推力器冗余配置的。冗余配置的情况下,由于指令映射不唯一,直接由姿态控制系统输出合适的推力器开关指令是比较困难的,且还会因为推力器出现故障而导致整个控制系统的稳定性降低甚至失稳。为了简化控制器的设计并提高飞行控制系统的稳定性,一般将姿态跟踪控制算法与控制分配算法分开进行设计。即姿态控制算法计算出的伪控制量是三轴控制力矩,再经由控制分配模块,将伪控制量转化为 RCS 推力器的真实开关指令[20]。

在推力器冗余的情况下,由控制器计算出的三轴控制力矩与执行机构推力器的实际的开关指令间的映射是不唯一的,也就是需要为每一时刻的三轴控制力矩选择一组最合适的推力器。同时由于高超声速飞行器对容错性和安全性的要求,当部分推力器出现故障时,RCS 仍然需要具备全向控制力矩输出能力。因此,如何将高超声速飞行器控制系统获得的力矩控制指令,合理地分配给 RCS 的每个推力器来执行,并保证控制力矩分配给各个执行机构的精确性和高效性,这就是控制分配问题的研究内容。控制分配问题的目标是既保证控制分配的高精度,又要保证控制分配的快计算速度,也就是要在精度要求范围内尽量实现快速有效的求解。鉴于机载计算机的计算能力有限,在设计控制分配算法时要考虑计算机的在线计算能力。

推力器控制分配算法主要可分为两大类:动态控制分配方法和静态控制分配方

法,即控制分配策略的计算是否实时。静态控制分配方法,就是根据已经存储在机载计算机或者机载计算机中的固定分配策略来进行分配,一般包括群组法和查表法。动态控制分配方法的分配策略需要实时运算,根据推力器模型、约束条件以及最优目标,将控制分配问题转化为数学模型,并基于数学优化方法实现控制指令的实时分配。典型的动态控制分配方法包括广义逆法、数学规划算法和 Daisy-chain 方法等。

(1) 群组法

群组法也称分轴控制或分组控制,是解决控制分配问题的最直接方法。它将推力器以解耦的思想划分为许多组,通过组内推力的对消使得每组推力器只提供一个方向的力矩,且每个轴有且仅有一个组合产生作用。群组法的优点在于分配逻辑简单易行,缺点在于推力器的对消使得燃料产生较大的浪费,且分配方法不够智能。当出现多推力器故障时,群组法容易出现失效的情况。

(2) 查表法

查表法是预先考虑到所有的三轴力矩情况并建立推力组合表,是一种离线建表、在线查找的分配方法。查表法考虑所有三轴指令力矩方向的情况,把能够完成相同指令力矩的推力器分成一组,利用推力器的耦合现象,在实现控制指令目标要求的同时减少推力器的对消,从而提高推力器的使用效率。然而飞行器的飞行过程中始终采用该推力组合表,会占用一定存储空间。查表法的难点和重点就在于离线制表的过程。Franck Martel[21]将查表法应用到了欧空局研究的自由转移飞行器"ATV"之中,进行了姿态控制推力器的推理逻辑设计,提出了推力器管理函数理论,经实际检验能够与机载计算机的运算能力和内存大小匹配。王敏提出了一种基于线性规划的最优查表法建表方法,并进一步对推力幅值存在上界和可能推力器故障的情况进行优化[22-23]。

查表法具有节省燃料,在线运算量小的优点。现有的针对高超声速飞行器冗余RCS 推力器的查表法,在线下制表的过程中,只考虑了无故障模式或者单推力器出现开机故障的情况,而对多推力器故障和推力器其他故障模式均没有容错重构能力,当出现多个推力器故障或出现如关机故障或接线故障时,该分配方法就会出现问题,导致控制系统失稳,甚至执行机构失效。因此,在查表法的离线表设计中,保证建表的完整性和对多推力器故障具有容错性,在工程实际中具有较强的需求和较大的意义。

(3) 广义逆法

广义逆法利用了执行器控制效率矩阵的求逆来求解执行器的控制指令。执行器控制效率矩阵一般都是非方形矩阵,因此求逆时可以采用求广义逆的形式。伪逆法是一种最基础且应用最为广泛的控制分配方法,但是 Bordigno 发现伪逆法的分配空间十分有限,且越高冗余度的执行机构其分配空间利用率越低[24]。为了进一步提高伪逆法的分配能力,有研究提出了加权伪逆法、再分配伪逆法等改进算法,统称为"广义逆法"。加权伪逆法可以通过对伪逆矩阵中的各项赋予不同的权重来表明不同执行器的优先次序和约束等,再分配伪逆法是进行多次伪逆法迭代,从而使求解满足系统约束。文献[25,26]都设计了零空间伪逆法,通过矩阵零空间来获得满足约束的执行机构指令。再分配伪逆法在初解阶段能够获得最优解,但是经过再分配后得到的解已经不满足最优情况。

广义逆法中除了执行器控制效率矩阵的求逆步骤外,还包括了使用数学规划进行目标函数求解步骤,目标函数法可以设计为以燃耗最省或者是分配误差最小等为优化方向。广义逆法在计算时间上相对优于其它动态分配算法,但是实时性难以保证。

(4) Daisy-chain 法

Daisy-chain 法也称为链式递增法,是将存在一定冗余度的执行机构进行分组和分级,根据执行机构的特性进行优先程度的区分。在控制分配算法运行中,首先使用优先级高的一组执行器,在该组机构出现饱和且仍存在分配误差或外在环境条件改变时,调用第二组机构完成剩余控制量分配,以此类推。一般 Daisy-chain 方法用在由 RCS 推力器与气动舵面或者飞轮共同构成飞行器的执行机构,而基本不涉及 RCS 推力器间或气动舵面系统内部的控制分配。也就是在再入滑翔段的中期,先由气动舵面提供姿态控制力矩,当舵面饱和时再由 RCS 推力器进行补充提供。Yu 设计了可重复使用运载器的双环控制系统[27],采用 Daisy-chain 法来进行 RCS 和舵面的复合控制,根据动压为舵面和 RCS 设计了权重系数来确定 RCS 的退出时间。

(5) 数学规划方法

数学规划方法,包括线性规划和二次规划等方法。需要对 RCS 的控制分配问题进行数学建模,并确定约束条件和目标函数。现存工作在设计过程中使控制量误差百分比和推力器总工作时间最优,克服了普通线性规划只考虑燃料消耗量最低,将控制量计算作为约束,而无法综合考虑燃耗和控制误差的缺点。

动态分配方法不需要离线建表,从理论上可以实时解算当前时刻的控制分配情况,能根据当前时刻的控制指令要求和执行器故障情况做出最准确的分配策略,具有较高的鲁棒性。动态分配方法的缺点在于,若动态分配方法中加入了数学规划的步骤,会造成计算量陡增并超出机载计算机的实时计算能力范围,无法在实际应用中做到实时分配。

5.2　高超声速飞行器反作用控制系统 Daisy – chain 融合控制分配方法

在高超声速飞行器的再入段,初期空气稀薄,大气密度较低,传统气动舵面操纵的效率很低甚至失效,只依靠气动舵无法提供足够的控制力矩,因此需要 RCS 和传统气动舵面共同作用,来提供力矩维持飞行器的姿态稳定。为了降低高超声速飞行器燃料消耗,需要充分利用气动舵面来分担姿态控制力矩,也要在 RCS 内部推力器的控制分配保证燃耗最低。更充分利用气动舵面,也就意味着能够更加节省 RCS 的燃料消耗。本章设计了能够充分利用气动舵面的执行器 Daisy-chain 融合控制分配方法。

执行器 Daisy-chain 融合控制分配方法包含两个层面的控制分配,首先是气动舵面和 RCS 之间的控制分配,采用了基于 Daisy-chain 的控制分配方法,获得分配给舵面的控制力矩 M_δ 和分配给 RCS 的控制力矩 M_{RCS}。其次是以燃耗最低为目标函数的控制分配方法,用来进行 RCS 内部推力器之间的控制指令分配。

Daisy-chain 法就是将系统执行器进行分组分级,先对级别高的执行机构组进行控制指令分配,当级别高的执行机构进入饱和时再使用级别较低的执行机构。对于以燃料消耗最低为目标的高超声速飞行器中,为了使气动舵面提供最充分的控制力矩,将气动舵面设计为高级别的优先使用的组,将 RCS 推力器设计为低级别的执行机构组。

气动舵面的控制分配指令为

$$\boldsymbol{u}_\delta = \mathrm{sat}_{u_\delta}(\boldsymbol{P}_1 \boldsymbol{M}_{cx}) \tag{5.1}$$

$$\boldsymbol{M}_\delta = \boldsymbol{B}_\delta \boldsymbol{u}_\delta \tag{5.2}$$

$\boldsymbol{P}_1$ 为舵面控制分配矩阵的逆矩阵,sat_{u_δ} 表示舵面的偏转饱和极限。

RCS 系统的控制分配力矩为

$$\boldsymbol{u}_{RCS} = \mathrm{sat}_{u_{RCS}}(\boldsymbol{P}_2(\boldsymbol{M}_c - \boldsymbol{B}_\delta \boldsymbol{u}_\delta)) \tag{5.3}$$

$$\boldsymbol{M}_{RCS} = \boldsymbol{B}_{RCS} \boldsymbol{u}_{RCS} \tag{5.4}$$

$\boldsymbol{P}_2$ 为 RCS 控制分配矩阵的逆矩阵,$\mathrm{sat}_{u_{RCS}}$ 表示 RCS 饱和下能提供的最大力矩。在获得分配给 RCS 的指令力矩之后,就需要进行 RCS 内部推力器之间的控制分配方法设计。Daisy-chain 控制分配结构图如图 5-1 所示。

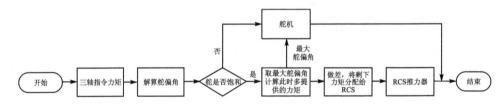

图 5-1 Daisy-chain 控制分配结构图

RCS 产生的滚转、偏航和俯仰力矩分别用 l_{Tr}, m_{Tr}, n_{Tr} 表示。气动舵产生的滚转、偏航和俯仰力矩分别用 l_{cs}, m_{cs}, n_{cs} 表示。则执行器产生的总控制力矩分别用 l_{ac}, m_{ac}, n_{ac} 表示为

$$\begin{cases} n_{ac} = n_{Tr} + n_{cs} \\ m_{ac} = m_{Tr} + m_{cs} \\ l_{ac} = l_{Tr} + l_{cs} \end{cases} \tag{5.5}$$

气动舵预计产生的滚转、偏航和俯仰力矩计算表示如下：

$$
\begin{cases}
n_{cs} = b_a \delta_a \\
m_{cs} = b_\beta \delta_\beta \\
l_{cs} = b_{\gamma_c} \delta_{\gamma_c}
\end{cases}
\tag{5.6}
$$

式中，$\begin{pmatrix} \delta_a \\ \delta_\beta \\ \delta_\mu \end{pmatrix} = \begin{pmatrix} 0.5 & 0 & 0.5 \\ 0 & 1 & 0 \\ 0.5 & 0 & -0.5 \end{pmatrix} \begin{pmatrix} \delta_a \\ \delta_r \\ \delta_e \end{pmatrix}$，$b_a = 2qS(C_n^{\delta_a}c + X_{cg}C_n^{\delta_a})$，$b_\beta = qS(bC_m^{\delta_r} +$

$X_{cg}C_Y^{\delta_r})$，$b_\mu = 2qbSC_l^{\delta_a}$。

计算得到需要的执行器控制力矩后，优先分配给气动舵，得到需要的舵偏角为

$$
\begin{cases}
\delta_a = \dfrac{n_{cs}}{b_a} \\[2mm]
\delta_\beta = \dfrac{m_{cs}}{b_\beta} \\[2mm]
\delta_{\gamma_c} = \dfrac{l_{cs}}{b_{\gamma_c}}
\end{cases}
\tag{5.7}
$$

对方向舵限幅 $30°$，左右升降舵限幅 $30°$。在气动舵饱和之后，若气动舵提供的控制力矩小于需要的执行器总控制力矩，余下的控制力矩由 RCS 提供。则经过 Daisy-chain 控制分配方法后分配给 RCS 的控制力矩为

$$
\begin{cases}
n_{Tr} = n_{ac} - b_a \delta_a \\
m_{Tr} = m_{ac} - b_\beta \delta_\beta \\
l_{Tr} = l_{ac} - b_{\gamma_c} \delta_{\gamma_c}
\end{cases}
\tag{5.8}
$$

5.3　高超声速飞行器反作用控制系统最优查表法控制分配方法

RCS 对于维持高超声速飞行器再入滑翔段姿态稳定起到了至关重要的作用。提高 RCS 的稳定性与抗故障鲁棒性是需要解决的关键问题之一。RCS 在运行过程中，由于环境恶劣和推力器频繁开关，会产生多种故障，例如开机故障、关机故障、卡死和推力降低等。进行稀薄大气层内的 RCS 的控制分配方法和容错重构方法研究，对于高超声速飞行器的安全飞行具有十分重要的意义。

研究 RCS 的控制分配问题的目标就是，在保证燃料消耗最低或分配误差最小的情况下，采用某种方法确定冗余的 RCS 推力器中要使用哪几个推力器，来完成控制器计算的三轴指令力矩。查表法是一种静态控制分配方法，它利用了推力器之间的耦合，离线设计固定的控制分配表。在飞行器运行时，根据三轴指令力矩的方向和大小进行查表，从而获得推力器的开关指令。一般情况下，设定为每次推力器开启的数

量与飞行器姿态控制系统自由度相同。为了保证建表的完整性,本书设计的查表法包括无故障状态下的预分配表和多故障状态下再分配重构表。

首先设计无故障状态下的预分配表,这也是最理想的情况。预分配表按照查表指标不同包含两层结构。查表指标包括控制力矩的方向和俯仰偏航力矩与滚转力矩的比值。根据控制力矩的方向 Λ 完成第一层查表,获得推力器分组。接下来根据力矩比值 Γ_y、Γ_z 来进入具体指令层中查表,根据比值与阈值 δ_y、δ_z 的大小关系确定具体开启的推力器编号。Λ 是单位矩阵,只表示三轴指令控制力矩的方向,不表示大小。

令

$$l_{Tr} = M_x, \quad m_{Tr} = M_y, \quad n_{Tr} = M_z$$

而

$$\Gamma_y = \left| \frac{M_y}{M_x} \right|, \quad \Gamma_z = \left| \frac{M_z}{M_x} \right|, \quad \delta_y = \frac{L}{d} \cos\theta, \quad \delta_z = \frac{L}{d} \sin\theta$$

下面通过两个例子说明控制分配过程。

例 5-1 RCS 正常运行

以力矩方向为 $1, -1, 1$ 为例,根据指令力矩方向 $\Lambda = [1, -1, 1]$ 进入对应组,当从列 1 开始选择为 347,当 7 号推力器能提供的附加 yz 力矩与指令力矩同向时,就固定 7 号推力器,选择 yz 方向的推力器

$$\frac{M_x}{d} = F_7, \quad \begin{cases} \left| \dfrac{M_y}{M_x} \right| > \dfrac{L}{d} \cos\theta & F_4 \\ \left| \dfrac{M_y}{M_x} \right| < \dfrac{L}{d} \cos\theta & F_2 \end{cases}, \quad \begin{cases} \left| \dfrac{M_z}{M_x} \right| > \dfrac{L}{d} \sin\theta & F_3 \\ \left| \dfrac{M_z}{M_x} \right| < \dfrac{L}{d} \sin\theta & F_1 \end{cases} \tag{5.9}$$

令

$$\Gamma_y = \left| \frac{M_y}{M_x} \right|, \quad \Gamma_z = \left| \frac{M_z}{M_x} \right|, \quad \delta_y = \frac{L}{d} \cos\theta, \quad \delta_z = \frac{L}{d} \sin\theta$$

则 $\begin{matrix} \Gamma_y > \delta_y & \Gamma_z > \delta_z & 347 \\ \Gamma_y > \delta_y & \Gamma_z < \delta_z & 147 \\ \Gamma_y < \delta_y & \Gamma_z > \delta_z & 237 \\ \Gamma_y < \delta_y & \Gamma_z < \delta_z & 127 \end{matrix}$。将查表指标 Γ_y,Γ_z 与阈值进行比较就能够获得对应的推力器开启编号。

例 5-2 以力矩方向 $1, 1, 1$ 为例,$\Lambda = [1, 1, 1]$。滚转力矩可以由 5 号或者 7 号推力器来提供,此时,斜向推力器的附加 yz 力矩与指令力矩不同向。

当选择 5 号作为斜推力器时有

$$F_5 = \frac{M_x}{d}, \quad \begin{cases} \left| \dfrac{M_y}{M_x} \right| > \dfrac{L}{d} \cos\theta & F_4 = \dfrac{|M_y| - |M_x L \cos\theta/d|}{L} \\ \left| \dfrac{M_y}{M_x} \right| < \dfrac{L}{d} \cos\theta & F_2 = \dfrac{|M_y| - |M_x L \cos\theta/d|}{L} \end{cases},$$

$$F_3 = \frac{|M_z| + |M_x L \sin\theta/d|}{L} \qquad (5.10)$$

当选择 7 号作为斜推力器时有

$$F_7 = \frac{M_x}{d}, \quad F_2 = \frac{|M_y| + |M_x L \cos\theta/d|}{L},$$

$$\begin{cases} \left|\dfrac{M_z}{M_x}\right| > \dfrac{L}{d}\sin\theta & F_3 = \dfrac{|M_z| - |M_x L \sin\theta/d|}{L} \\[3mm] \left|\dfrac{M_z}{M_x}\right| < \dfrac{L}{d}\sin\theta & F_1 = \dfrac{|M_z| - |M_x L \sin\theta/d|}{L} \end{cases} \qquad (5.11)$$

而由于本书中推力器的安装角 $\theta > 45°, \sin\theta - \cos\theta > 0$

$$M_y + M_z + \frac{M_x L(\sin\theta - \cos\theta)}{d} < M_y + M_z + \frac{M_x L(\cos\theta - \sin\theta)}{d} \qquad (5.12)$$

首层分配中应该选择 237 且 $\begin{matrix} \Gamma_z > \delta_z & 237 \\ \Gamma_z < \delta_z & 127 \end{matrix}$

同理可得,无故障预分配表见表 5-1。表中的数字代表了推力器开启编号。

表 5-1　最优查表法无故障预分配表

控制力矩方向	初始分组	实际开启推力器编号			
		$\Gamma_z > \delta_z$		$\Gamma_z < \delta_z$	
		$\Gamma_y > \delta_y$	$\Gamma_y < \delta_y$	$\Gamma_y > \delta_y$	$\Gamma_y < \delta_y$
$\boldsymbol{\Lambda} = [1, -1, 1]^T$	347	347	237	147	127
$\boldsymbol{\Lambda} = [-1, 1, 1]^T$	236	236	346	126	146
$\boldsymbol{\Lambda} = [-1, -1, -1]^T$	148	148	238	348	128
$\boldsymbol{\Lambda} = [1, 1, -1]^T$	125	125	145	235	345
$\boldsymbol{\Lambda} = [1, 1, 1]^T$	237	237		127	
$\boldsymbol{\Lambda} = [-1, -1, 1]^T$	346	346		146	
$\boldsymbol{\Lambda} = [1, -1, -1]^T$	145	145		345	
$\boldsymbol{\Lambda} = [-1, 1, -1]^T$	128	128		238	

当经过 Daisy-chain 控制分配,获得了分配给 RCS 的控制力矩 M_{RCS} 之后,对 RCS 指令控制力矩进行分析,获得查表指标,即三轴指令控制力矩的方向和俯仰偏航力矩与滚转力矩的比值。然后就可以进入表 5-1 的预分配表里进行查表,获得推力器的开启编号,即 i_1, i_2, i_3,并将 RCS 控制分配效率矩阵中对应的列提取出来组成一个新的控制分配矩阵 $B_e = [B(i_1) \quad B(i_2) \quad B(i_3)]$。则 RCS 控制分配的理想推力指令为

$$\boldsymbol{u}_1 = \boldsymbol{B}_e^{-1} \boldsymbol{M}_{RCS} \qquad (5.13)$$

由此也就获得了 RCS 控制分配理想变推力 $\boldsymbol{u}_1 = [F_{c1}, F_{c2}, F_{c3}]^T$。后续获得 RCS 推力器的开关指令，还需要将理想变推力指令输入到 RCS 调制模块中。

针对本章设计的高超声速飞行器 RCS 控制分配最优查表法，进行仿真设计。由于本书设计的最优查表法利用了斜向推力器的耦合性，能够更加节省燃料。本次仿真与控制分配群组法进行对比。基于表 2-1 所列的飞行器模型参数，系统姿态变量初值设置为仿真初值 $[\omega_x, \omega_y, \omega_z, \alpha, \beta, \gamma_c] = [0, 0, 0, 2°, 0.5°, 0.5°]$。期望姿态的攻角、侧滑角和速度滚转角均为 $0°$。

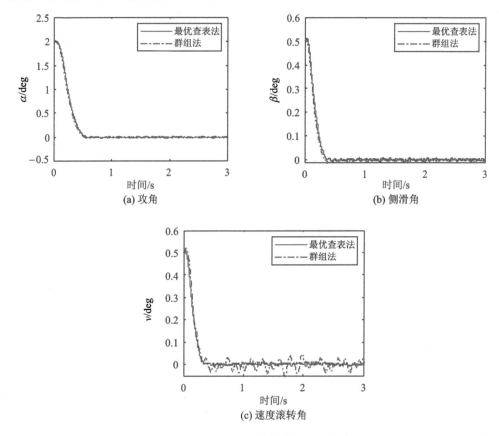

图 5-2　控制分配最优查表法跟踪曲线

由图 5-2 中的仿真结果可以看出，采用控制分配最优查表法和控制分配群组法，都能在相同的初始状态下完成高超声速飞行器姿态的跟踪控制，攻角和侧滑角的响应曲线震荡都较小，图 5-2(c) 中速度滚转角响应曲线中采用群组法的震荡略大。接下来对三轴姿态跟踪误差和推力器开启总时间进行统计。由于本书研究的高超声速飞行器 RCS 采用的是液体姿态推力器，具有恒定的推力，因此推力器开启的总时间能够反映 RCS 燃耗的多少。将跟踪误差定义如式 (5.14) 所示。

$$\mathrm{error} = \frac{\int_{t_0}^{t_f} |y - r| \, \mathrm{d}t}{t_f - t_0} \tag{5.14}$$

r 为目标轨迹，y 为 t_0 到 t_f 的实际飞行姿态。

表 5 - 2　跟踪误差统计

控制分配方法	跟踪误差/deg			推力器开启总时间/s
	攻　角	侧滑角	速度滚转角	
双指标最优查表法	0.012 5	0.006 3	0.005 0	2.314 0
群组法	0.011 1	0.004 7	0.018 6	2.620 0

本书设计的最优查表法和群组法在攻角和侧滑角跟踪控制中的跟踪误差相差不大，但是在速度滚转角响应中，群组法与查表法的跟踪误差相差较大，这是因为在 PWPF 调制中设置了死区环节，以避免 RCS 推力器频繁开关机造成继电器阀门损坏。当控制分配计算出的 RCS 的理想指令推力较小时，调制后的开机时间就会很短，会造成频繁开关机的现象。因此当指令推力小于设定的阈值时，对应推力器不开机，就会造成一定的跟踪误差。而群组法中的滚转力矩是平均分给两个推力器来提供，每个推力器的理想指令推力相对较小，可能由于小于阈值而进入死区不开机的情况会增多，也就会造成跟踪误差的累积和增大。从推力器开启总时间来说，群组法比查表法消耗燃耗要更多，表明本书设计的最优查表法能够有效利用耦合并降低燃耗的浪费。综上所述，本书设计的双指标最优查表法能够完成姿态跟踪控制，具有良好的跟踪效果，且能够降低燃料消耗。

| 5.4　高超声速飞行器反作用控制系统重构方法 |

在高超声速飞行器无动力再入段中，由于较为频繁的推力器开关机和复杂多变的飞行环境，RCS 推力器容易发生故障。常见的故障包括开关机故障和推力降低故障等。为了提高高超声速飞行器 RCS 的稳定性和安全飞行能力，将出现的开机故障和推力降低故障视为失效故障，并将对应推力器排除在执行机构之外，不再参与高超声速飞行器姿态稳定控制。因此，本章设计了控制分配容错重构方案。

控制分配重构方案，能在当 RCS 推力器出现故障且不调整姿态控制算法的情况下，对控制分配方法进行在线重构设计，从而提高系统的稳定性。当出现推力器开机故障时，采用与损坏推力器相同方向的推力器为重构原则来进行补充提供。下面给出三个例子来说明本书设计的最优查表法容错重构方案的设计过程。

例 5 - 3　还是以力矩方向为 $1, -1, 1$ 为例，查表指标为 $\boldsymbol{\Lambda} = [1, -1, 1]$，$\Gamma_y >$

δ_y，$\Gamma_z > \delta_z$ 进入对应组中，在最优查表法无故障预分配表中，查表得推力器使用编号为 347。若其中 4 号推力器出现了损坏，由查表结果在预分配中需要用到 4 号推力器来提供负偏航力矩。因此应选择能同样提供偏航力矩的 8 号推力器对原 4 号进行替换。

令 $\Gamma_r = \left| \dfrac{M_z}{M_y} \right|$，$\delta_r = \tan\theta$

$$\begin{cases} M_x = (F_7 - F_8)d \\ M_y = -(F_7 + F_8)L\cos\theta \\ M_z = F_3 L + (F_7 + F_8)L\sin\theta \end{cases} \Rightarrow \begin{cases} F_7 = \dfrac{|M_x|}{2d} + \dfrac{|M_y|}{2L\cos\theta} \\[2mm] F_8 = \dfrac{|M_y|}{2L\cos\theta} - \dfrac{|M_x|}{2d} \\[2mm] \Gamma_r > \delta_r \quad F_3 = \dfrac{|M_z| - |M_y|\tan\theta}{L} \\[2mm] \Gamma_r < \delta_r \quad F_1 = \dfrac{|M_y|\tan\theta - |M_z|}{L} \end{cases}$$

$$(5.15)$$

例 5 - 4　当预分配推力器为 147 时，1 号推力器出现了故障，对应的可以使用 5 号或者 8 号推力器来代替，即考虑可以使用的推力器为 457 或 478。当推力器开启选择为 457 时：

$$\begin{cases} M_x = (F_5 + F_7)d \\ M_y = (F_5 - F_7)L\cos\theta - F_4 L \\ M_z = (F_7 - F_5)L\sin\theta \end{cases} \Rightarrow \begin{cases} F_7 = \dfrac{1}{2}\left(\dfrac{|M_x|}{d} + \dfrac{|M_z|}{L\sin\theta} \right) \\[2mm] F_5 = \dfrac{1}{2}\left(\dfrac{|M_x|}{d} - \dfrac{|M_z|}{L\sin\theta} \right) \\[2mm] \Gamma_r > \delta_r \quad F_2 = \dfrac{|M_z|\cot\theta - |M_y|}{L} \\[2mm] \Gamma_r < \delta_r \quad F_4 = \dfrac{|M_y| - |M_z|\cot\theta}{L} \end{cases}$$

$$(5.16)$$

因此当出现故障时引入第三个查表指标，根据第三个查表指标 $\begin{matrix} \Gamma_r > \delta_r & 257 \\ \Gamma_r > \delta_r & 457 \end{matrix}$，获得最终的开启推力器编号。

当推力器开启选择为 478 时

$$\begin{cases} M_x = (F_7 - F_8)d \\ M_y = -(F_7 + F_8)L\cos\theta - F_4 L \\ M_z = (F_7 - F_8)L\sin\theta \end{cases} \tag{5.17}$$

只能提供特定力矩，不能提供任意力矩，因此不成立。

由此也可以说明，当需要使用的 3 号推力器位置连续且包含两个斜推力器时，即 367,478,158,256，是无法提供任意指令力矩的。

例 5 - 5　当预分配推力器使用 127 时,若 2 号推力器出现故障,可能使用的推力器组合为 157 或 167。

当推力器组合为 157 时:

$$
\begin{cases}
M_x = (F_5 + F_7)d \\
M_y = (F_5 - F_7)L\cos\theta \\
M_z = (F_7 - F_5)L\sin\theta - F_1 L
\end{cases}
\Rightarrow
\begin{cases}
F_5 = \dfrac{1}{2}\left(\dfrac{|M_x|}{d} + \dfrac{|M_y|}{L\cos\theta}\right) \\[2mm]
F_7 = \dfrac{1}{2}\left(\dfrac{|M_x|}{d} - \dfrac{|M_y|}{L\cos\theta}\right) \\[2mm]
\Gamma_r > \delta_r \quad F_3 = \dfrac{|M_z| - |M_y|\tan\theta}{L} \\[2mm]
\Gamma_r < \delta_r \quad F_1 = \dfrac{|M_y|\tan\theta - |M_z|}{L}
\end{cases}
$$

$$(5.18)$$

当推力器组合为 167 时:

$$
\begin{cases}
M_x = (F_7 - F_6)d \\
M_y = (F_6 - F_7)L\cos\theta \\
M_z = -F_1 L + (F_7 + F_6)L\sin\theta
\end{cases}
$$

$$(5.19)$$

由式(5.19)知,推力器组合 167 只能提供特定力矩,不能提供任意力矩,因此不成立。由此也可以看出,当使用的推力器包括两个斜推力器及其所夹推力器的对称推力器时,无法提供指令力矩即 167,278,358,456 时,是无法提供任意控制力矩的。

因此,最优查表法的故障重构表如表 5 - 3 及表 5 - 4 所列。

表 5 - 3　最优查表法单故障重构表

Λ	实际推力器使用编号							
	$\Gamma_z > \delta_z$				$\Gamma_z > \delta_z$			
	$\Gamma_y > \delta_y$		$\Gamma_y < \delta_y$		$\Gamma_y > \delta_y$		$\Gamma_y < \delta_y$	
	$\Gamma_r > \delta_r$	$\Gamma_r < \delta_r$	$\Gamma_r > \delta_r$	$\Gamma_r < \delta_r$	$\Gamma_r > \delta_r$	$\Gamma_r < \delta_r$	$\Gamma_r > \delta_r$	$\Gamma_r < \delta_r$
$[-1,1,1]^{\mathrm{T}}$	356	356	467	467	468	268	468	268
	237	237	368	168	156	156	368	168
	238	238	348	348	128	128	148	148
$[1,-1,1]^{\mathrm{T}}$	467	467	357	157	257	457	257	457
	378	378	267	267	178	178	357	157
	345	345	235	235	145	145	125	125
$[-1,-1,-1]^{\mathrm{T}}$	458	458	258	258	268	468	168	368
	178	178	168	368	378	378	268	468
	146	146	126	126	346	346	236	236

表 5 - 3

Λ	实际推力器使用编号							
	$\Gamma_z > \delta_z$				$\Gamma_z > \delta_z$			
	$\Gamma_y > \delta_y$		$\Gamma_y < \delta_y$		$\Gamma_y > \delta_y$		$\Gamma_y < \delta_y$	
	$\Gamma_r > \delta_r$	$\Gamma_r < \delta_r$	$\Gamma_r > \delta_r$	$\Gamma_r < \delta_r$	$\Gamma_r > \delta_r$	$\Gamma_r < \delta_r$	$\Gamma_r > \delta_r$	$\Gamma_r < \delta_r$
$[1,1,-1]^T$	258	258	458	458	356	356	457	257
	156	156	157	357	457	257	157	357
	127	127	147	147	237	237	347	347
$[1,1,1]^T$	357				257			
	267				357			
	235				125			
$[-1,-1,1]^T$	467				468			
	368				368			
	348				148			
$[1,-1,-1]^T$	458				457			
	157				157			
	147				347			
$[-1,1,-1]^T$	258				168			
	156				268			
	126				236			

表 5 - 4 最优查表法双故障、三故障重构表

Λ	推力器双故障重构	推力器三故障重构
$[1,-1,1]^T$	567,578	568
$[-1,1,1]^T$	568,678	578
$[-1,-1,-1]^T$	568,678	567
$[1,1,-1]^T$	578,567	678
$[1,1,1]^T$	356,567,578	568
$[-1,-1,1]^T$	378,568,678	578
$[1,-1,-1]^T$	178,567,578	678
$[-1,1,-1]^T$	156,568,678	567

　　多故障状态下的最优查表法控制分配算法,包含以下几个子模块。最优查表法预分配表,故障信息获取(同时也是故障检测和传感器模块),故障场景分析,以及单故障、双故障、三故障下的重构表。下面给出部分推力器出现开机故障时控制分配的

重构流程图,如图 5 - 3 所示。

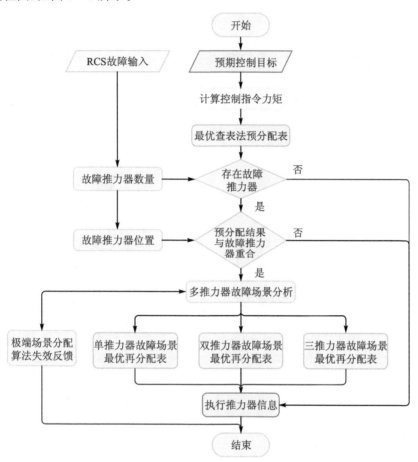

图 5 - 3　多故障状态下控制分配重构流程

图 5 - 3 即为故障状态下的控制分配最优查表法容错重构方案,首先是姿态控制模块解算,根据控制目标确定姿态跟踪轨迹,通过终端滑模姿态控制算法计算出理想的三轴姿态稳定力矩,分析获得最优查表法的双查表指标。其次进行推力器预分配,根据查表指标首先在最优查表法无故障预分配表中查表获得预分配结果。同时,推力器故障信息获取,由安装在 RCS 姿态控制推力器处的传感器获得推力器的故障情况。然后是推力器故障场景分析,将推力器故障情况输入并与预分配结果进行比较,获得与预分配结果重合的故障推力器数量和编号。接下来根据推力器故障场景进入对应的推力器重构表 5 - 3 和表 5 - 4 获得实际推力器开启的编号。最后就是根据实际推力器开启编号和指令三轴控制力矩获得 RCS 推力器的理想变推力。后续通过PWPF 调制算法来获得推力器的实际开启指令。

针对本章设计的推力器故障下高超声速飞行器 RCS 控制分配最优查表法容错重构方案,进行仿真设计。系统姿态变量初值为$[\omega_x, \omega_y, \omega_z, \alpha, \beta, \gamma_c] = [0, 0, 0,$

2.5°，0.3°，0.2°]。期望姿态为攻角 2°，期望侧滑角和速度滚转为 0°。由于本书设计的控制分配方法能够对最多 3 推力器故障具有容错重构能力，因此仿真时设计的推力器故障个数分别为 1 个，2 个，3 个。设计推力器故障为单推力器（1 号）故障，双推力器（1 号、2 号）故障，三推力器（1 号、2 号、7 号）故障，并与理想情况下的终端滑模控制进行仿真对比。仿真结果如图 5-4 所示。

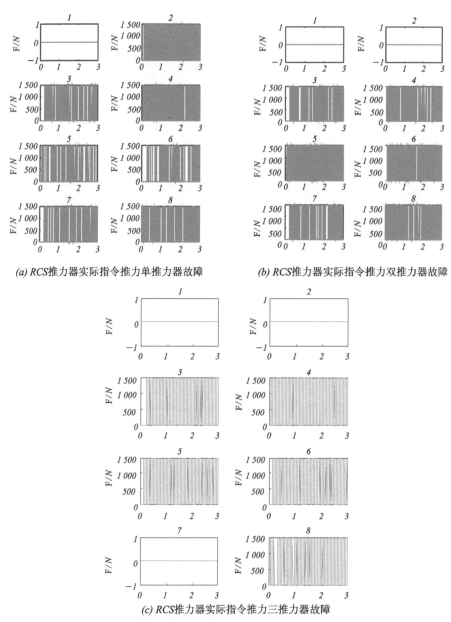

(a) RCS推力器实际指令推力单推力器故障   (b) RCS推力器实际指令推力双推力器故障

(c) RCS推力器实际指令推力三推力器故障

图 5-4   推力器故障下 RCS 系统推力

对比图 5 - 4 中的仿真结果给出了在出现单推力器故障、双推力器故障和三推力器故障的情况下,进行控制分配容错重构之后的 RCS 推力器的推力,可以看出,故障条件下故障推力器对应的指令始终保持为零,这说明设计的查表法容错重构方案能够避开故障推力器的使用。故障下高超声速飞行器姿态控制系统跟踪响应曲线如图 5 - 5 所示。

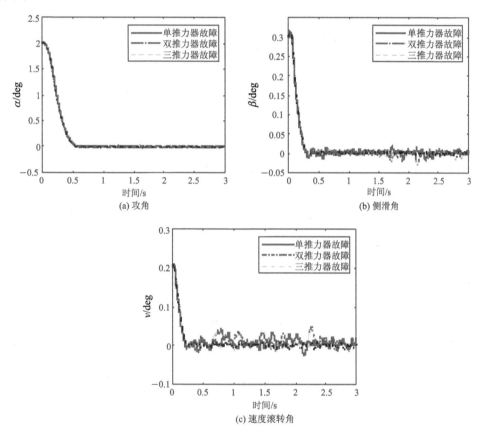

图 5 - 5　推力器故障下最优查表法跟踪控制

　　由图 5 - 4 所示可以看出,在三种故障情况下的姿态响应曲线都能完成跟踪控制,在 0.5 s 内响应期望姿态指令。如表 5 - 5 所列为各个故障下的跟踪误差和推力器开启总时间。

　　由图 5 - 5 所示,无故障和有故障情况下的姿态平均跟踪误差,都相差不大,说明在 1 个,2 个,3 个推力器故障下,本书设计最优查表法容错重构方法能够完成姿态跟踪控制。而对于表 5 - 5 中所列的开机总时间来说,随着故障推力器的数量增多,推力器开启总时间也增加,这是因为在最优查表法的重构算法中,设计当理想最优推力器与故障推力器重合时,只能选择次优情况,燃耗势必会有所增加。因此,本书设计的高超声速飞行器 RCS 控制分配容错重构方案能够避开故障推力器的同时完成姿态跟踪控制,说明本算法对推力器故障具有容错性,且具有较好的姿态控制效果。

表 5－5　跟踪误差统计与推力器开启总时间

	平均跟踪误差/deg			推力器开启总时间/s
	攻　角	侧滑角	速度滚转角	
无故障	0.032 0	0.008 3	0.007 6	2.139 0
单推力器故障	0.021 9	0.009 4	0.009 0	2.272 0
双推力器故障	0.017 1	0.009 8	0.012 8	2.741 0
三推力器故障	0.018 1	0.008 0	0.004 6	3.017 0

5.5　固定推力器开启数的 RCS 伪逆法控制分配优化

本书设计的高超声速飞行器 RCS 的控制分配模块应该满足如下两个条件:

(1) RCS 所有推力器燃耗总和为最低或者分配误差最低。由于 RCS 推力器为推力恒定的常值推力器,因此可以用推力器开启总时间反映燃料消耗量。

(2) RCS 产生反作用力矩应与计算出的三轴控制力矩相等。

因此当目标函数为燃耗最低时有线性规划目标函数表示为

$$\begin{aligned} \min \quad & f = \boldsymbol{u}^{\mathrm{T}} \boldsymbol{W} \boldsymbol{u} \\ \text{s.t.} \quad & \boldsymbol{M}_{\mathrm{RCS}} - \boldsymbol{B} \boldsymbol{u} = 0 \end{aligned} \tag{5.20}$$

式中,$\boldsymbol{W}$ 为对角矩阵且对角元素为正,各元素代表了不同推进器能耗在目标函数中的权重,$\boldsymbol{M}_{\mathrm{RCS}}$ 代表 RCS 的三轴控制力矩矢量。采用拉格朗日乘子法将上式转化为无约束最优化问题,则对应的拉格朗日函数为

$$L(\boldsymbol{u}, \boldsymbol{\lambda}) = \boldsymbol{u}^{\mathrm{T}} \boldsymbol{W} \boldsymbol{u} + \boldsymbol{\lambda}^{\mathrm{T}} (\boldsymbol{M}_{\mathrm{RCS}} - \boldsymbol{B} \boldsymbol{u}) \tag{5.21}$$

式中,λ 为拉格朗日乘子向量。函数在极值点满足:

$$\frac{\partial L}{\partial \boldsymbol{u}} = 2 \boldsymbol{W} \boldsymbol{u} - \boldsymbol{B}^{\mathrm{T}} \boldsymbol{\lambda} = 0 \tag{5.22}$$

$$\boldsymbol{u} = \frac{1}{2} \boldsymbol{W}^{-1} \boldsymbol{B}^{\mathrm{T}} \boldsymbol{\lambda} \tag{5.23}$$

而同时

$$\frac{\partial L}{\partial \boldsymbol{\lambda}} = \boldsymbol{M}_{\mathrm{RCS}} - \boldsymbol{B} \boldsymbol{u} = 0 \tag{5.24}$$

$$\boldsymbol{B} \boldsymbol{u} = \boldsymbol{M}_{\mathrm{RCS}} \tag{5.25}$$

将(5.23)与(5.25)两式联立,可得

$$\boldsymbol{\lambda} = 2 (\boldsymbol{B} \boldsymbol{W}^{-1} \boldsymbol{B}^{\mathrm{T}})^{-1} \boldsymbol{M}_{\mathrm{RCS}} \tag{5.26}$$

将(5.26)带入(5.23)中可获得满足平衡方程的 RCS 推进器推力为

$$u = W^{-1} B^{\mathrm{T}} (B W^{-1} B^{\mathrm{T}})^{-1} T \tag{5.27}$$

此时得到了广义逆法的初解。

从初解中可以看出,传统伪逆法求解在不加其他约束的情况下,会应用到所有的执行机构。一般伪逆法都应用在气动舵面,飞轮等执行器中,这类型的执行机构冗余度低,对于解的正负没有要求,对极大值有约束。但是对于本书研究的 RCS 推力器而言,冗余度高,控制分配求得的解只能是非负解,且由于还设计有调制模块,对解极大值约束较弱。为了保证伪逆法求得的解都为非负,文献[25,26]设计了一种基于零空间的再分配伪逆法,利用控制分配矩阵的零空间向量,将初解为负解的推力器指令进行修正,即置零。将原正初解与修正后解进行线性叠加,从而使伪逆解重新落入执行器的控制子空间中。提供反作用力矩的推力器其实就是原正初解对应推力器。

基于零空间的再分配伪逆法在再分配之前时有线性规划的一步,因此是最优的(燃耗最少)。但经过再分配之后,已经无法满足最优的条件。且因为伪逆法是基于执行器配置矩阵的,要求各个执行机构都要参与控制,这样就减少了冗余执行器控制分配的灵活性。对于本书研究的 8 推力器 RCS 来说,经过实验得,基于零空间的再分配伪逆法最少也会同时开启 4 个推力器。而本书的执行器是冗余配置,控制分配中并不会用到所有的执行器,相反会因为使用多余的执行器而造成对冲导致燃耗的浪费。更重要的是,且由于伪逆法初解时加入了线性规划,实际应用中已经无法保证实时性。

本书对原基于零空间的再分配伪逆法进行改进,为了保证实时性和降低燃料消耗,针对给定的 8 推力器 RCS 配置,设计了一种固定推力器开启的再分配伪逆法。固定推力器开启数应与姿态控制系统自由度相同为 3 自由度。因此本书采用固定 3 推力器开启来设计改进的再分配伪逆法。

Step 1:

由

$$M_{\mathrm{RCS}} - B_{\mathrm{ini}} u = 0 \tag{5.28}$$

由于 rank(B)<3,因此线性方程组有无数个解。获得伪逆法初解。

$$u_{\mathrm{ini}} = B^{\mathrm{T}} (B B^{\mathrm{T}})^{-1} M_{\mathrm{RCS}} = B^{+} M_{\mathrm{RCS}} \tag{5.29}$$

此时求得的伪逆法初解不能保证解均为正值,此时求得的 u_{ini} 虽然能够满足姿态控制要求,但它没有可供选择的余地,所以这个解并不一定是在推力器可执行的范围内,也可能导致推力器无法执行。因此,u_{ini} 一般与一个阈值 ε 共同使用,ε 是一个小整数。当 u_{ini} 中的项大于 ε 时,输出 u_p 对应项为 1,否则 u_p 为 0。

Step 2:

$$u_{p(8\times1)} = f_{\mathrm{ON/OFF}} (B^{+} M_{\mathrm{RCS}}) \tag{5.30}$$

$f_{\mathrm{ON/OFF}}$ 就是根据阈值 ε 确定 u_p 中每一项的值的函数。u_p 是一个 8×1 的列矩阵,矩阵 k 项为 1,$8-k$ 项为 0,$k \geqslant 3$。即 $u_p(i_1)=1,\cdots,u_p(i_k)=1$。$i_1,\cdots,i_k$ 是可能开启的推力器备选编号。在控制分配效率矩阵中找出与 $i_1,\cdots,i_k$ 对应的列的

$\boldsymbol{B}(i_1)$, ···, $\boldsymbol{B}(i_k)$。

Step 3:

由上文可知,每个控制指令由 3 个推力器共同完成。当 $k=3$ 时,i_1,i_2,···,i_k 即为选择的推力器编号,提取出的新配置矩阵 $\boldsymbol{B}_e = \begin{bmatrix} \boldsymbol{B}(i_1) & \boldsymbol{B}(i_2) & \boldsymbol{B}(i_3) \end{bmatrix}$。当 $k>3$ 时,将 i_1,i_2,···,i_k 项和对应的配置矩阵列向量不重复地选择三项进行组合,一共有 C_k^3 种组合方法,备选的推力器开关指令为 $\boldsymbol{u}_{r1}$,···,$\boldsymbol{u}_{rC_k^3}$,以及对应配置矩阵为 $\boldsymbol{B}_{r1}$,···,$\boldsymbol{B}_{rC_k^3}$。

Step 4:

设计的目标函数为

$$\min f = \sum |\boldsymbol{u}_e|$$
$$\text{s. t.} \quad \boldsymbol{M}_{\text{RCS}} - \boldsymbol{B}_e \boldsymbol{u}_e = 0$$
$$\boldsymbol{u}_e \in \left\{ \boldsymbol{u}_{r1} \quad \cdots \quad \boldsymbol{u}_{rC_k^3} \right\} \tag{5.31}$$
$$\boldsymbol{B}_e \in \left\{ \boldsymbol{B}_{r1} \quad \cdots \quad \boldsymbol{B}_{rC_k^3} \right\}$$

求解上式即可获得 3 推力器开启下的最少燃料消耗的各推力器的指令推力。由于已经给定了 $\boldsymbol{u}_e$ 和 $\boldsymbol{B}_e$ 的范围,线性规划要按照给定范围来进行。

若有推力器出现失效故障,则可以在推力器配置矩阵式中,将对应损坏推力器的列向量去除掉,并将剩余列向量组成新控制分配矩阵 $\boldsymbol{B}_{\text{ini}}$ 带入 step 1 即可。

针对本章设计的高超声速飞行器 RCS 系统固定推力器开启数的再分配伪逆法,进行仿真设计。基于表 2 - 1 的飞行器模型参数,设仿真初值为系统姿态变量初值为 $[\omega_x, \omega_y, \omega_z, \alpha, \beta, \gamma_c] = [0, 0, 0, 2°, 0.3°, 0.2°]$。期望姿态为攻角、侧滑角和速度滚转角为 $0°$。对不加分配得终端滑模控制算法,零空间再分配伪逆法和本书设计的 3 推力器开启再分配伪逆法进行无故障状态的对比仿真,结果表示如下:

从图 5 - 6 可以看出采用改进再分配伪逆法和原零空间伪逆法都能在 0.5 s 内完成对控制指令的跟踪,由于 PWPF 调制存在一定的误差,两种分配方法对应的响应曲线在稳定后都会有一定的误差与震荡。综合来看,红色曲线表示的改进再分配伪逆法在侧滑角响应曲线中具有更小的震荡,而在速度滚转角响应曲线中具有更快的响应时间,这两种分配方法的姿态跟踪误差为

表 5 - 6   姿态跟踪误差

平均姿态跟踪误差	攻角/deg	侧滑角/deg	速度倾斜角/deg
固定 3 推力器开启再分配伪逆法	0.020 3	0.005 2	0.006 5
基于零空间的再分配伪逆法	0.020 0	0.005 7	0.010 9

可以由表 5 - 6 看出,本书设计的固定 3 推力器开启的改进再分配伪逆法和基于

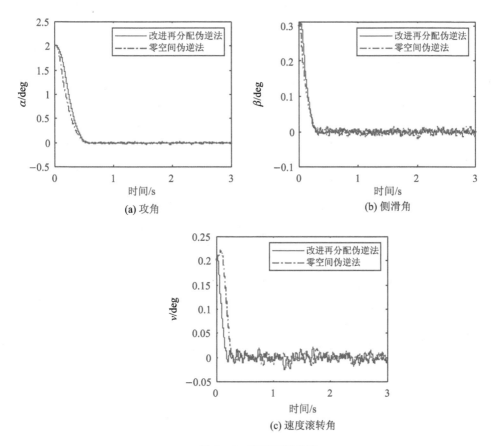

图 5 - 6　姿态跟踪曲线

零空间的再分配伪逆法都能取得比较好的控制效果,两种方法的跟踪误差都很小。综合来看,采用固定 3 推力器开启的改进再分配伪逆法的攻角跟踪误差与零空间再分配伪逆法相差很少,在侧滑角和速度倾斜角响应曲线都具有更低的跟踪误差。可以说明,固定 3 推力器开启的再分配伪逆法具有较好的跟踪性能。

　　同时也在其他姿态跟踪指令下进行了多组实验,来确定比较两种方法的推力器开启总时间。

　　由表 5 - 7 看出在三种期望姿态角度的条件下,本书设计的固定 3 推力器开启的改进再分配伪逆法均有更短的推力器开启时间。而本书仿真依据的 RCS 推力器是恒定推力的常值液体姿态控制推力器,推力器开启时间的长短能够反映推力器的燃耗。本次仿真的推力器开启总时间能反映出在这一段时间内的 RCS 燃料消耗,推力器开启总时长越短,那么说明 RCS 的燃料消耗也就越低。因此,本书设计的固定 3 推力器开启的改进再分配伪逆法能让 RCS 有更低的燃料消耗。而本书设计的固定 3 推力器开启改进再分配伪逆法是在有限范围内进行线性规划,避免了大范围的数学规划算法,从仿真实验中也能体现出来,本书设计的改进再分配伪逆法相比零空间伪逆法具有更低的计算量,从而具有更好的实时性。

表 5 - 7　推力器开启时间

飞行器姿态 推力器开启时间 分配方法	$\alpha=2°$ $\beta=0°$ $\mu=0°$	$\alpha=3°$ $\beta=0.5°$ $\mu=0.5°$	$\alpha=1°$ $\beta=0.5°$ $\mu=0.5°$
固定 3 推力器开启的再分配伪逆法/s	2.089 0	2.088 0	2.051 0
基于零空间的再分配伪逆法/s	4.612 0	4.605 0	4.440 0

┃5.6　本章小结┃

本章进行了高超声速飞行器 RCS 的优化设计。首先研究了高超声速飞行器执行器的控制分配方法,采用 Daisy-chain 融合执行器控制分配方法。针对动态控制分配方法计算量大,实时性不足的问题,本章提出了一种能节省燃料且能保证实时性的固定推力器开启数的改进再分配伪逆法,能够在节省燃料的同时保证 RCS 控制分配的实时性。

第 6 章

高超声速飞行器 RCS 分数阶自抗扰容错控制

| 6.1 引 言 |

容错控制是控制理论的一个分支,自 20 世纪 70 年代兴起以来,取得了丰硕的成果,对现代工业的发展起到了非常大的作用。当被控系统发生故障后,对控制器进行重构,以确保故障后系统能安全运行或在某种可以接受的功能下继续工作,具备这种容忍故障能力的控制系统称为容错控制系统。飞行容错控制的主要目标是获得高可靠性,可维护性和高性能,对保证现代复杂系统的稳定性,避免灾难性事故的发生是极其必要的[28]。

容错控制按其对故障的利用方式可以分为主动容错控制和被动容错控制。二者的区别在于:主动容错控制为了实现"容忍"故障,首先需要检测和估计出故障,即先通过故障诊断模块判断是否有故障发生,然后利用故障信息设计新的控制器形式,即重构控制器;而被动容错控制则基于故障的先验信息,离线设计稳定裕度较高的控制器,发生故障后,可以不需要诊断出故障,控制器即可进行补偿,使得系统能维持良好性能。

下面对几种主要的针对高超声速飞行器执行器故障的容错控制方法进行分析和对比。

(1) 自适应控制

容错飞行控制系统的设计是针对一个模型和参数都有可能不断变化的对象,因此必须同时解决系统的自适应性和鲁棒性。自适应控制是处理不确定系统的一种有效方法,对于动态未知的系统,它能自动地适应被控对象的变化特性,有效地解决控制对象参数大范围变化的问题,是解决复杂非线性控制系统不确定性和鲁棒性的有力工具。因而在安全性与可靠性要求较高的飞控系统中自适应控制方法有着很大的发展与应用前景。

目前来看,自适应控制技术在高超声速飞行器执行器故障的容错控制领域中研究成果最多。文献[29]针对执行器效率损伤故障,提出了一种模型参考自适应容错控制设计方案,并设计了自适应补偿控制器消除执行机构控制增益及系统参数不确定性的影响。文献[30]设计了一种飞行器自适应容错控制器,在系统存在外界干扰及未知故障输入且上界未知的情况下,该控制器采用自适应算法在线估计未知的控制器参数,在执行器发生卡死或效率损伤故障时,实现了对故障的容错控制和对制导指令的鲁棒输出跟踪。文献[31]针对具有执行器效率损伤故障和外部干扰的高超声速飞行器的纵向模型,提出了一种改进的自适应容错控制方案,即采用两个自适应律分别估计外部干扰的上限和执行器控制增益的最小值。文献[32]综合设计了一种高超声速飞行器非线性观测器和控制器,以解决执行器效率损伤故障问题,采用了滤波器重构状态向量,设计了自适应控制律以保证系统的有界性,同时采用动态表面控制策略,通过引入一系列一阶滤波器来获得虚拟控制输入的微分项,从而消除微分项爆炸。文献[33]考虑到诸如执行器卡死故障之类的快速突变故障,将自适应故障观测器添加到标称动态逆控制器中,以适应具有离散功能模式的故障影响,并对飞行器受到的干扰和多重故障进行补偿。文献[34]提出了一种在外部扰动,气动舵效率损伤和卡死故障的情况下具有混合气动舵反作用系统(Reaction Control System,RCS)的高超声速再入飞行器的容错策略,设计了非线性自适应反馈控制律以获取所需的控制力矩。文献[35]提出了一种新的基于调节功能的输出反馈控制方案来补偿有限个数的气动舵效率损伤和卡死故障,并证明了闭环系统的所有信号都是全局有界的,且系统的稳态跟踪误差能够满足设计的要求。文献[36]针对气动舵饱和间隙问题,通过自适应方法研究了高超声速飞行器的容错控制问题,将经典的动态曲面控制与新颖的边界估计机制结合在一起,以规避递归过程和参数化模型中涉及的时变不确定参数所引入的"复杂性激增"问题。文献[37]针对具有执行器效率损伤和漂移故障的高超声速飞行器提出了一种自适应控制方案,将高超声速飞行器的纵向模型分为速度子系统和高度子系统,并分别为速度子系统和高度子系统设计了两个自适应容错控制器。

在高超声速飞行器容错控制系统设计中,当飞行器的执行器发生故障时,采用自适应容错控制往往能获得令人满意的效果。

(2) 滑模变结构控制

滑模变结构控制的设计思想是为系统状态误差或输出误差设计一个定的运动模态,即滑模面,然后基于滑模面设计控制器将系统状态轨迹引导到滑模面上,强迫系统轨迹沿着该模态运动[38]。滑模变结构控制的主要优点是响应速度快,设计简单,易于实现,对扰动以及对象不确定性不敏感,所以设计的重构控制律具有很强的鲁棒性[39]。

目前来看,滑模控制技术在高超声速飞行器执行器故障的容错控制领域中已经取得了较多的成果。文献[40]研究了存在执行器效率损伤故障和外部干扰情况下的,高超声速飞行器纵向模型的鲁棒容错跟踪控制问题,提出了基于有限时间积分滑模的容错控制策略,以保证速度和高度在有限的时间内跟踪其参考信号。文献[41]针对存在执行器效率损伤故障,模型参数不确定性和外部干扰的情况,提出了一种基于二阶动态终端滑模的容错控制方案。

滑模变结构控制本身具有很强的鲁棒性,但在应用中常常和自适应控制方法相结合。如文献[42]提出了一种结合终端滑模控制律的外部抗饱和系统方法,又结合了一种改进的滑模扰动观测器来估计未知参数和强烈的外部扰动以及执行器效率损伤故障。文献[43]针对具有气动舵和RCS的高超声速飞行器,在存在气动舵故障的情况下,提出了一种新型的复合容错姿态控制方案,设计了一种基于非线性干扰观测器的滑模控制器以计算所需的姿态控制力矩。文献[44]针对气动舵效率损伤和随机漂移故障,设计观测器来估计执行器故障和模型不确定性的信息,并进行了有限时间多变量终端滑模控制和复合环设计,使其能够集成到容错控制中,从而可以及时保证故障飞行器的安全。

由于滑模变结构控制方法中控制指令随着系统不断穿过滑模面而进行逻辑切换控制,使得这种先进的控制方法存在一个严重的问题,即控制律输出抖振问题。控制律的抖动能够激发未建模特性,这种特性给系统的全局稳定性带来灾难性的影响[45]。如果抖振频率与弹体弹性振动频率接近,将对飞行器产生严重的影响。因此,考虑如何减轻滑模变结构控制中的抖动程度是改进这种控制方法的一个重要手段,只有减轻或者消除这种抖动,该方法才可以在实际系统中进行应用。

(3) 反演控制

反演控制是非线性反馈控制系统的一种系统设计方法。它的核心思想:首先根据系统的结构将非线性系统分解为若干个子系统,然后为各个子系统设计理想的虚拟控制量来实现子系统的某种性能,利用李亚普诺夫理论证明稳定性;逐个设计进而得到全局的镇定或跟踪控制器,实现整体系统的全局稳定或跟踪功能,使得系统能达到期望的性能指标。该法的优点主要在于不要求非线性系统中的非线性满足增长约束条件,不要求系统的不确定性满足匹配条件或增广匹配条件,从而扩大了应用范围,通过反向设计,给出了系统化的李氏函数与控制器的设计方法,易于证明闭环系统的稳定性。

目前来看,反演控制技术在高超声速飞行器执行器故障的容错控制领域中已经取得了一些研究成果。文献[46]针对高超声速飞行器姿态环设计了一种反演控制算法计算所需的控制面偏角,以跟踪制导命令。考虑控制面卡死故障,对其余的正常控制面进行重分配,以补偿故障控制面的影响。文献[47]将高超声速飞行器纵向模型分解为高度和速度两个子系统,考虑高度子系统的执行器效率损伤故障,采用了一种新型的性能指标函数来设计了反演控制器,设计的反演控制器减少了步数和计算量。近年来,反演控制方法常常与滑模控制[48,49,50],自适应控制[51,52,53]等技术结合,被用于针对高超声速飞行器执行器故障的容错控制器的设计。

反演控制的缺点是需要为每个子系统设计相应的虚拟控制器,使得设计参数增加,随着系统阶次的增加会导致在线调整参数过多,计算量膨胀。

(4) T−S 模糊控制

T−S 模糊控制是基于模型的模糊控制的重要方法,是对非线性不确定系统建模的一个重要工具[54]。T−S 模糊模型是由非线性模糊权重将一系列线性子模型光滑连接而成的全局模型,在任何凸紧集内,T−S 模糊模型能够以任意精度逼近任意光滑非线性函数[55]。该理论结果保证了 T−S 模糊模型能够用来处理难以精确建模的复杂非线性系统,目前已经在系统辨识及其控制中得到了广泛的应用。

南京航空航天大学姜长生教授在国内率先对高超声速飞行器的姿态控制系统开展了 T−S 模糊建模相关研究,在执行器故障问题的容错控制研究中,代表性成果主要为文献[56,57]。文献[56]采用了 T−S 模糊思想进行非线性高超声速飞行器模型建模,设计了观测器估计系统状态并调整控制输入,重新配置控制律以补偿执行器卡死的影响。文献[57]采用了 T−S 模糊思想对具有多输入输出延迟且存在动力学和执行器故障不确定性的非线性模型进行建模,提出了针对多时滞 T−S 模糊系统的自适应控制方案,设计了自适应执行器故障补偿方案。可以看到,T−S 模糊控制技术主要应用于非线性的高超声速飞行器系统建模,作为后续故障诊断和容错控制方案的设计基础。

(5) 分数阶 $PI^\lambda D^\mu$ 和自抗扰控制方法

PID 控制是一种基于误差的反馈控制,其不依赖被控对象的数学模型,结构简单且鲁棒性强,至今仍在工程上占据着主要地位。而针对 PID 控制难以处理的复杂控制对象,现代控制理论产生并涌现了如变结构控制、鲁棒控制、自适应控制等理论成果,大多数的现代控制理论方法均依赖于系统的数学模型,难以在实际应用中推广。分数阶 $PI^\lambda D^\mu$ 方法和自抗扰控制(Active Disturbance Rejection Control,ADRC)方法均为传统的 PID 控制方法的继承和发展,相对于传统的 PID 控制,有着更好的控制性能和鲁棒性,在容错控制领域有广阔的应用前景。在飞行器制导与控制方面,ADRC 已经得到了广泛的应用研究[58]。

文献[59]将基于扩张状态观测器(Extended State Observer,ESO)的算法应用于防空导弹垂直发射阶段的大攻角、大滚转角三通道解耦控制以实现快速转弯,取得了显著效果。文献[60]则将线性自抗扰(Linear Active Disturbance Rejection Control,LADRC)姿态控制优化问题转化为线性矩阵不等式求解问题。文献[61]采用 LADRC 设计滑翔制导律,避免了使用阻力微分等信息和复杂的非线性运算,大空域全部使用线性控制。文献[62]与传统三回路过载控制相结合,提出了三回路自抗扰过载控制,在保持原有阻尼和稳定回路特性的基础上,利用 ESO 提高了对于动态性能的鲁棒性。文献[63]针对高超声速飞行器航迹角惯性过大的问题,提出了采用前馈补偿的复合自抗扰控制,改善了航迹角的响应品质。

文献[64]和文献[65]将自抗扰控制和动态面控制相结合并分别应用于高超声速

飞行器纵向模型和六自由度模型的控制器设计。文献[66]为超机动飞机的大攻角机动设计了基于自抗扰控制技术的双闭环控制系统,实现了三通道的解耦控制,并验证了设计的自抗扰控制器具有很强的鲁棒性和良好的动态性能。文献[67]将自抗扰控制技术应用于某型导弹,设计了一种双闭环的姿态控制器,仿真结果表明采用自抗扰控制器可以获得理想的控制结果,系统具有较强的鲁棒性和较好的动态性能。文献[68]结合自抗扰技术及分数阶 $PI^\lambda D^\mu$ 控制器设计了分数阶 $PI^\lambda D^\mu$ 自抗扰分数阶 $PI^\lambda D^\mu$ 控制器,应用于高超声速飞行器再入姿态控制,并通过仿真验证表明该控制器的有效性及鲁棒性。文献[69]针对四旋翼飞行器的姿态控制问题,提出了一种采用内环控制框架的自抗扰控制方法,可以有效地提高四旋翼的角度跟踪性能。

印度国防研究所的 Talole 团队积极开展了 ADRC 在飞行器制导与控制上的研究工作,包括:战术导弹的滚转控制[70]、俯仰控制[71],掠海飞行反舰导弹的高度控制等[72],充分说明了 ADRC 应用的灵活性。

分数阶 $PI^\lambda D^\mu$ 方法和自抗扰控制方法均为传统的 PID 控制方法的继承和发展。考虑到自抗扰控制器的设计可以分成三个独立的组成部分来进行设计,可以将自抗扰控制中基础的传统 PID 控制器推广到分数阶领域,在充分利用传统 PID 所有的优点的同时,又能有效地克服其不足,使其具有更大的灵活性和更强的鲁棒性。分数阶自抗扰控制方法同时继承了分数阶 $PI^\lambda D^\mu$ 和自抗扰控制优点,其结构简单,控制精度高,鲁棒性强,十分适用于强耦合,非线性,不确定性系统的控制问题和容错控制问题。

分数阶自抗扰复合控制方法在文献[68]中被应用于高超声速飞行器的姿态控制,取得了较好的控制效果。在高超声速飞行器分数阶自抗扰控制系统设计方面,北京航空航天大学宋佳课题组基于遗传算法[73]、生物地理学算法[74]和频域分析方法[75]研究了高超声速飞行器分数阶自抗扰控制器的参数整定问题。并仿真对比分析了非线性状态反馈和线性状态反馈下的高超声速飞行器分数阶自抗扰控制器性能[76]。此外,分数阶自抗扰控制也被应用于水轮机调速系统[77],电力系统[78],质量驱动系统[79],机器人手臂跟踪控制[80]。

尽管目前高超声速飞行器分数阶自抗扰控制方法已经得到了一些理论和应用研究,但在考虑执行器故障情况下的高超声速飞行器分数阶自抗扰姿态控制方法设计仍有一系列的问题有待解决。例如,分数阶 $PI^\lambda D^\mu$ 和自抗扰控制方法应用于容错控制领域的基础理论分析还不够完善,分析分数阶 $PI^\lambda D^\mu$ 和自抗扰控制方法针对执行器故障引起的系统不确定性的鲁棒性,对分数阶 $PI^\lambda D^\mu$ 和自抗扰控制方法在执行器故障的容错控制领域的应用是十分必要的;执行器的动态特性影响着分数阶自抗扰控制器的性能,分析执行器环节对分数阶自抗扰控制器的影响也是亟须解决的关键问题;此外,分数阶自抗扰控制器的参数较多,整定困难,研究基于频域分析法的分数阶自抗扰控制器参数优化方法,得到物理意义更为明确的控制参数,更符合工程应用实际。

总的来看,自适应控制和滑模控制技术在高超声速飞行器执行器故障的容错控制领域中的研究相对较多。除自适应控制和滑模控制方法外,反演控制,反馈线性化[81,82,83,84,85,86],鲁棒控制[87,88],T - S 模糊控制,模糊控制[89,90],神经网络[91,92,93,94]等方法,在高超声速飞行器执行器故障的容错控制领域也有一些研究成果,但一般与滑模或自适应控制方法相结合,在应用上均存在一定局限。例如,滑模变结构控制方法存在控制律输出抖颤问题;反演控制随着系统阶次的增加会导致在线调整参数过多,计算量膨胀;反馈线性化方法在物理意义上有所缺失,在实际应用中很少采用;模糊控制、神经网络等智能控制方法稳定性分析比较困难。

　　由于飞行环境恶劣,且 RCS 推力器需要频繁的开关机,RCS 推力器有可能会存在故障的情况,包括开机故障、关机故障、开机延时故障和推力降低等故障。目前高超声速飞行器执行器故障容错控制方法的研究大都针对执行器为气动舵的形式,而且一般也只考虑单一的气动舵故障模式,如执行器卡死故障或执行器增益变化故障。在实际飞行中,由于再入初期大气稀薄,气动舵效率不足,高超声速飞行器一般由气动舵和 RCS 配合完成姿态控制,在实际飞行中 RCS 对于姿态系统的稳定控制起到了很大的作用。文献[34]和[43]研究了基于气动舵和 RCS 复合控制策略的执行器故障容错控制方法,但均只考虑了气动舵故障的情况,未考虑 RCS 故障时的容错控制策略。因此,研究针对高超声速飞行器执行器故障的容错控制方法,考虑执行器为气动舵和 RCS 复合控制的形式是很有必要的。

　　自适应控制能够自动地适应被控对象的变化特性,在高超声速飞行器容错系统设计中有着很大的发展与应用前景。自抗扰控制是一种自适应控制方法,也是传统 PID 控制的继承与发展,在其算法上不仅完全继承了传统 PID 的所有优点,并在其控制特点上又有更好的控制品质及更强的鲁棒性,尤其针对执行器故障引起的系统不确定性具有很强的鲁棒性,能够有效提高高超声速飞行器控制系统的自主性和复杂飞行环境适应性,在高超声速飞行器的容错控制问题上有着较好的发展前景。

　　分数阶微积分是整数阶微积分在阶次上向任意阶的扩展。在传统的整数阶微积分中,微分和积分因子必须是实数或复数整数;而在分数阶微积分中,微分和积分因子可以是任意实数或复数阶。与传统的整数阶微积分相比,分数阶微积分在描述被控对象特性时或在改善被控对象特性时,具有更加一般的意义。自抗扰控制方法,是在经典 PID 的基础上由中国科学院韩京清教授提出的[95],是 PID 的继承和发展。自抗扰控制是一门独具中国科学特色的学问,反映了中国学者对控制科学基本问题的重新定位,以及一个独立于国际控制理论体系的框架。其核心概念和方法(总扰动,扩张状态以及扩张状态观测器)已被国内外不少领军型学者以不同的方式接纳;其核心技术被广泛应用于工程领域,同时在航空、航天、电力、兵器等重大领域也展开了应用研究。自抗扰控制是 PID 之后有一个具有普适性的工业控制平台。自抗扰控制不依赖于被控对象的数学模型的特点也使其十分适用于被动容错控制[96]。因此,研究分数阶 $PI^\lambda D^\mu$ 和自抗扰控制方法的容错控制能力,分析分数阶 $PI^\lambda D^\mu$ 和自抗扰两种控制方法的鲁棒性,对分数阶 $PI^{\lambda}D^{\mu}$ 和自抗扰控制方法在容错控制领域的应用是十分必要的。本章内容主要证明分数阶 $PI^{\lambda}D^{\mu}$ 和自抗扰控制针对执行器故障引起的系统不确定性具有很强的鲁棒性,为之后分数阶自抗扰容错控制器的设计提供了必要的理论基础。

6.2 分数阶 $PI^{\lambda}D^{\mu}$ 控制容错性能

分数阶微积分在 20 世纪 60 年代逐渐被应用于控制系统设计。作为常规 PID 控制器的变形,在分数阶控制领域的研究中,最具代表性的是 Podlubny 教授提出的 $PI^{\lambda}D^{\mu}$ 控制器,其标志性成果为文献[97,98]。本书中所说的分数阶 $PI^{\lambda}D^{\mu}$ 控制器即指 $PI^{\lambda}D^{\mu}$ 控制器。

常规的 PID 控制器有比例(P)、积分(I)和微分(D)三个控制参数。$PI^{\lambda}D^{\mu}$ 控制器相比于常规的 PID 控制器有额外的两个控制参数,分别为积分阶次 λ 和微分阶次 μ。当 λ 和 μ 都取为 1 时,$PI^{\lambda}D^{\mu}$ 控制器就是常规的整数阶 PID 控制器。当 λ 或 μ 选择分数或复数时,就超出了传统微积分的概念范围[99]。分数阶 $PI^{\lambda}D^{\mu}$ 控制器的出现对于分数阶控制器设计的应用,具有重大的历史意义,是分数阶控制理论历史上的一个里程碑。此后,分数阶控制得到越来越多的学者的关注与重视。

$PI^{\lambda}D^{\mu}$ 控制器把传统 PID 推广到分数阶领域,继承传统 PID 的优点并具有更灵活的结构和更强的鲁棒性,相对于传统 PID 控制器具有如下优点[100]:

① 具有更大的灵活性。由于增加了积分阶次及微分阶次 λ 和 μ,分数阶 $PI^{\lambda}D^{\mu}$ 控制器的选择范围较常规的 PID 控制器可以选择的范围要大,也可以获得精确的性能;

② 具有更强的鲁棒性。分数阶 $PI^{\lambda}D^{\mu}$ 控制器对其控制参数的变化以及被控对象系统参数的变化不敏感,只要参数在一定范围内变化,分数阶 $PI^{\lambda}D^{\mu}$ 控制器都能很好地进行控制。

分数阶 $PI^{\lambda}D^{\mu}$ 不仅继承了传统 PID 所有的优点,又有效地克服了其不足,能极大改善飞行器的控制品质,因此,分数阶控制器在飞行控制系统设计和飞行容错控制系统设计中必定有广阔的应用前景[101]。接下来,首先对积分阶次 λ 和微分阶次 μ 对 $PI^{\lambda}D^{\mu}$ 控制器的影响进行简单的分析,之后论证分数阶 $PI^{\lambda}D^{\mu}$ 控制器对控制增益变化的鲁棒性。

6.2.1 微分阶次和积分阶次对分数阶 $PI^{\lambda}D^{\mu}$ 控制器的影响

分数阶 $PI^{\lambda}D^{\mu}$ 控制器中通过对积分阶次 λ 和微分阶次 μ 的调整可以使得控制系统得到更好的控制性能。接下来,结合仿真结果分析积分阶次 λ 和微分阶次 μ 是如

何影响分数阶 $PI^\lambda D^\mu$ 控制器的。令 $PI^\lambda D^\mu$ 控制器比例参数 $k_p = 10$，积分参数 $k_i = 1$。如图 6-1 所示，给出了积分阶次 λ 在不同取值下分数阶 PI 控制器（PI^λ 控制器）的 Bode 图。

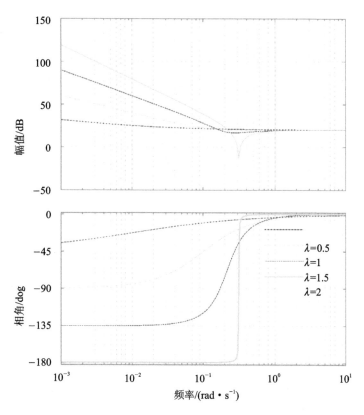

图 6-1　不同 λ 取值下的分数阶 PI 控制器 Bode 图

　　当 $\lambda = 1$ 时，分数阶 PI 控制器等价于 PI 控制器。PI 控制器通过对参数 k_i 的调节来调整系统性能，一般来说 k_i 较大时系统的稳态性能较好，但对系统的稳定性和动态性能不利。从图 6-1 中可以看出：对于分数阶 PI 控制器，当 k_p 不变时，随着 λ 的增大，在转折频率前，幅频曲线的衰减速度增大，稳态性能向变好的趋势发展（系统稳定）；相频曲线相角滞后角度在 $-180°\sim0°$ 变化，相角的滞后增大，会使系统的动态性能变差。在其他参数确定时，通过对 k_i 和 λ 的综合调节，在一定程度上可以兼顾系统的动态性能和稳态性能，满足控制系统的性能要求。

　　令 $PI^\lambda D^\mu$ 控制器比例参数 $k_p = 10$，微分参数 $k_d = 1$。如图 6-2 所示给出了微分阶次 μ 在不同取值下分数阶 PD^μ 控制器（PD^μ 控制器）的 Bode 图。

　　当 $\mu = 1$ 时，分数阶 PD^μ 控制器等价于 PD 控制器。PD 控制器通过对参数 k_p 和 k_d 的调节来调整系统性能，使系统满足要求的相角裕度。从图 6-2 中可以看出：对于分数阶 PD^μ 控制器，当 k_p 不变时，随着 μ 的增大，相角超前角度在 $0°\sim180°$ 变

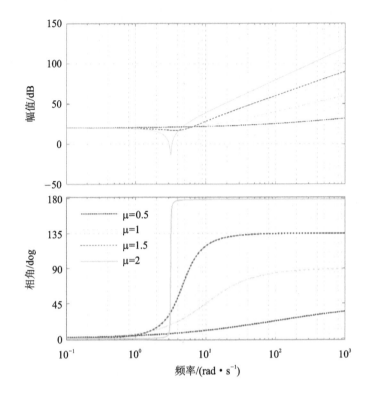

图 6 - 2　不同 μ 值下分数阶 PD^{μ} 控制器的 Bode 图

化,相角的超前增大。对于相角滞后较大的系统,单独的 PD 控制器设计不能满足设计要求,而分数阶 PD^{μ} 控制器却可以适用。而且通过对 k_p, k_d 和 μ 的综合调节,在满足相角裕度要求的同时,开环截止频率处相角函数的导数(即开环增益变化的鲁棒性)也是可调节的。

6.2.2　分数阶 $PI^{\lambda}D^{\mu}$ 控制对开环增益变化的鲁棒性

开环系统在截止频率处相角函数的导数,称之为开环增益变化的鲁棒性。根据执行器故障模式分析的结果,执行器故障对系统的影响主要表现在控制增益的变化(表现在控制系统设计上即为开环增益的变化)和干扰力矩项的引入。而分数阶 $PI^{\lambda}D^{\mu}$ 控制器针对系统开环增益变化具有很好的鲁棒性。

根据 $PI^{\lambda}D^{\mu}$ 控制器的特性可知,通过对 k_p, k_d 和 μ 的综合调节,在满足相角裕度要求的同时,开环增益变化的鲁棒性也是可调节的。如图 6 - 3 所示,给出了 k_p = 10,约束条件为频率为 10 rad/s 处的 PD^{μ} 控制器相角为 69°时,不同 μ 下 PD^{μ} 控制器的 Bode 图如图 6 - 3 所示。

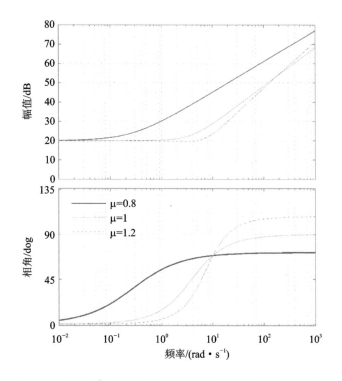

图 6 - 3　相角约束下不同 μ 值的分数阶 PD^μ 控制器 Bode 图

从图 6 - 3 中可以看出,通过对 PD^μ 控制器的参数进行调节,在满足系统要求的相角约束条件的同时,PD^μ 控制器下的系统相角函数的导数是可调节的(幅值裕度约束可以通过参数 k_p 调节)。通过选择合适的 $PI^\lambda D^\mu$ 控制器参数可使系统开环增益变化的鲁棒性为零或接近为零,此时系统开环传递函数的相角 Bode 图在截止频率附近是平坦的。当系统控制增益发生变化时,系统的开环截止频率发生变动,但系统的相角裕度变化很小。如图 6 - 4 所示,给出了某系统当系统控制增益 b_0 变化时的系统开环 Bode 图。

从图 6 - 4 中可以看到,系统开环 Bode 图中相角对频率的导数在截止频率处为零,当控制系统增益变化时,系统的相角变化相对较小,系统对控制增益的变化具有很强的鲁棒性。

综上,可以得到,分数阶 $PI^\lambda D^\mu$ 控制器在容错控制领域上能有效降低执行器故障带来的系统控制增益变化对控制系统的影响。

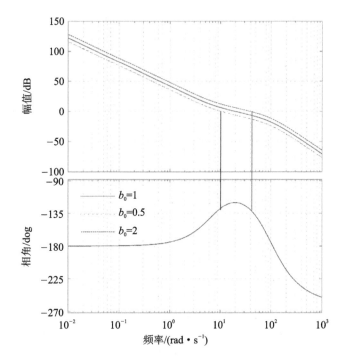

图 6-4 系统控制增益 b_0 变化时系统开环传递函数 Bode 图

| 6.3 自抗扰控制稳定性和容错性能 |

基本的自抗扰控制器主要包括三个核心部分,跟踪微分器、扩张状态观测器和状态反馈控制。典型 ADRC 方法的结构图如图 6-5 所示。

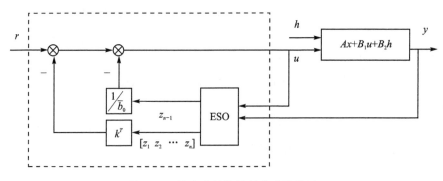

图 6-5 基本自抗扰控制方法结构图

(1) 跟踪微分器[102](Tracking Differentiator,TD),安排信号的过渡过程,提取输入信号的跟踪信号以及输入信号跟踪信号的微分信号,使控制量的过渡过程更加

平滑,避免阶跃控制量的输出,从而缓解了快速性与超调量之间的矛盾;

（2）状态反馈控制（State Feedback Control,SFC）,一般选取 PID 控制方法,通过处理跟踪微分器及扩张状态观测器得到的信号,生成最终控制量;

（3）扩张状态观测器[103]（Extended State Observer,ESO）,用于估计出系统所需要使用的状态信息,将系统的未建模动态、内部扰动以及外界干扰估计为"总和扰动",并实时进行补偿,从而达到抗干扰能力。

下面对跟踪微分器、扩张状态观测器和状态反馈控制进行详细描述。

（1）跟踪微分器

微分跟踪器一般常取二阶微分跟踪器,其状态变量实现为

$$\begin{cases} \dot{x}_1 = x_2 \\ \dot{x}_2 = -r_{td}^2 (x_1 - v(t)) - 2r_{td}x_2 \\ y = x_2 \end{cases} \quad (6.1)$$

式中,$v(t)$ 是原始输入信号,y 是经过处理得到的原始输入信号的微分。

相应的传递函数关系为 $y = w(s)v = \dfrac{sr_{td}^2}{(s+r_{td})^2} v$

跟踪微分器 TD 的结构图如图 6-6 所示。

TD 能够同时实时得到原信号的跟踪信号 $\tilde{v}(t)$ 及其微分信号 $\dot{\tilde{v}}(t)$,为原输入信号安排过渡过程,使输入信号较之前平稳过渡。本书中,采用二阶跟踪微分器。

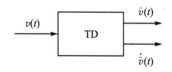

图 6-6　跟踪微分器

（2）扩张状态观测器

扩张状态观测器,能够在系统内部运行原理、系统内部结构、系统传递函数未知时,利用系统的输入信号和输出信号,将系统的不确定项和未建模动态作为系统的"总扰动"进行估计,并通过实时反馈补偿的方式对其进行补偿[104]。

对于具有以下形式的 n 阶系统:

$$\begin{cases} \dot{x}_1 = x_2 \\ \dot{x}_2 = x_3 \\ \quad \vdots \\ \dot{x}_{n-1} = x_n \\ \dot{x}_n = f(x_1, x_2, \cdots, x_n) + bu \\ y = x_1 \end{cases} \quad (6.2)$$

式中,x 表示系统状态变量,y 为系统输出变量,u 为系统控制输入,b 为控制增益,$f(x_1, x_1, \cdots, x_n)$ 为系统受到的未知扰动。

令 $x_{n+1} = f(x_1, x_2, \cdots, x_n)$,定义 h_f 为 $f(x_1, x_1, \cdots, x_n)$ 的导数,系统（6.2）可以扩张为

$$\begin{cases} \dot{x}_1 = x_2 \\ \dot{x}_2 = x_3 \\ \quad\vdots \\ \dot{x}_n = x_{n+1} + bu \\ \dot{x}_{n+1} = h_f \\ y = x_1 \end{cases} \tag{6.3}$$

对式(6.3)可以建立如式(6.4)所示的状态观测器：

$$\begin{cases} e_1 = z_1 - y \\ \dot{z}_1 = z_2 - \beta_1 \mathrm{fal}(e_1, \alpha_1, \delta) \\ \dot{z}_2 = z_3 - \beta_2 \mathrm{fal}(e_1, \alpha_2, \delta) \\ \quad\vdots \\ \dot{z}_n = z_{n+1} - \beta_n \mathrm{fal}(e_1, \alpha_n, \delta) + bu \\ \dot{z}_{n+1} = -\beta_{n+1} \mathrm{fal}(e_1, \alpha_{n+1}, \delta) \end{cases} \tag{6.4}$$

式中，z_1，z_2，$\cdots$，z_n 为对系统状态 x_1，x_2，$\cdots$，x_n 的估计，z_{n+1} 为对系统受到的未知扰动 x_{n+1} 的估计，$\bar{b}_0$ 为系统控制增益的估计值。β_1，β_2，$\cdots$，β_{n+1} 为观测器参数，函数 $\mathrm{fal}(e, a, \delta)$ 最初作为幂次函数被提出，可表示为

$$\mathrm{fal}(e, \alpha, \delta) = |e|^\alpha \mathrm{sign}(e) \tag{6.5}$$

式中，$\alpha_i = 1/2^{i-1}$，$i = 1, 2, \cdots, n+1$。为了避免观测器高频颤振现象的出现，对函数 $\mathrm{fal}(e, a, \delta)$ 在原点附近进行线性化，函数 $\mathrm{fal}(e, a, \delta)$ 变为原点附近具有线性段的连续的函数，可表示为

$$\mathrm{fal}(e, \alpha, \delta) = \begin{cases} \delta^{a-1}e, & |e| \leqslant \delta \\ |e|^a \mathrm{sign}(e), & |e| > \delta \end{cases}^s \tag{6.6}$$

式中，δ 为线性段的区间长度。

特别地，当函数 $\mathrm{fal}(e, a, \delta)$ 幂次为 1 时，扩张状态观测器是线性的，称之为线性扩张状态观测器 LESO。当函数 $\mathrm{fal}(e, a, \delta)$ 幂次小于 1 时，扩张状态观测器是非线性的，称之为非线性扩张状态观测器（NonLinear Extended State Obersver, NESO）。

综上所述的扩张状态观测器，只需经过对系统输入输出信号的处理，选取合适的 β_1，β_1，$\cdots$，β_{n+1} 和 δ 的值，就能够很好的估算出系统的状态量 x_1，x_2，$\cdots$，x_n 以及被扩张的状态量 x_{n+1}。若观测量 x_{n+1} 中包含其他未知的扰动，同样也可以利用式(6.4)进行实时观测得到。以二阶 ESO 为例，其结构图如图 6-7 所示。

（3）状态反馈控制

反馈控制主要是针对误差信号的处理，利用误差来消除误差，达到控制目的。对系统(6.2)，可以设计自抗扰控制状态反馈控制器：

$$u = r - k'z \tag{6.7}$$

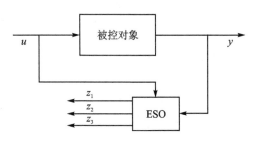

图 6-7　二阶扩张状态观测器结构框图

式中，r 为期望的跟踪指令，u 为自抗扰控制器的控制输出，k' 为控制增益，$k' = \begin{pmatrix} k_1 & \cdots & k_n & \dfrac{1}{\bar{b}_0} \end{pmatrix}$。状态反馈控制中的 $(-z_{n+1}/\bar{b}_0)$ 即为控制器对系统总和扰动项的补偿。参数 k_1，k_2，$\cdots$，k_n 的值按照传统的频域分析的方法或极点配置的方法设计即可。此外，当系统阶数为 2 时，状态反馈控制即为 PD 控制器。

6.3.1　扩张状态观测器稳定性

ESO 是自抗扰控制器的核心部分，其任务是根据输入输出数据观测系统的状态和总扰动。ESO 最初是以非线性的形式提出的，但非线性形式的 ESO 稳定性分析困难，且容易引起观测结果高频颤振（自激振荡）。因此，在实际应用中，为避免自激振荡现象的出现，对 NESO 非线性环节在原点附近进行线性化。由于 NESO 参数（反馈增益参数和线性化区间参数）整定困难，之后基于带宽方法整定参数的 LESO 得到了更为广泛的应用。

目前，对 NESO 和 LESO 的稳定性研究主要有以下工作内容。对于 NESO，黄一研究员在 2000 年用自稳定域理论分析二阶 NESO 和三阶 NESO 的收敛性及估计误差问题，揭示采用非光滑连续结构的优越之处，连续非光滑 ESO 结构的优点主要表现在对模型不确定性及干扰的强适应性及有限时间收敛的快速无振荡特性[105-107]。黄一研究员的研究针对二阶和三阶未在零点进行线性化的 NESO，未对更高阶的 NESO 进行研究。Erazo 等在 2012 年提出了用波波夫判据分析 NESO 稳定性的方法，研究对象为在零点进行线性化的 NESO，但其 α 参数的选择对各阶反馈均只能为常值。

学者们也对 LESO 的收敛性和性能进行了分析，D. Yoo 等在假设系统动态及其导数有界的情况下，研究了 LESO 对状态的估计性能和收敛性[108]；文献[109]将假设条件放宽，即在系统动态有界或其导数有界情况下，分析了 LESO 估计不确定性的能力，证明了 LESO 估计误差有界。

本小节（6.3.1）将基于描述函数的方法对 NESO 进行稳定性分析和参数优化设计，所得的分析结果能够揭示 NESO 自激振荡现象的本质，并统一 NESO 和 LESO 的参数设计方法。

1. 基于描述函数的稳定性分析

描述函数法是用于非线性系统分析的一种有用的工具。这种分析方法建立在谐波线性化的基础上,分析周期信号基本频率分量的传递关系,从而讨论系统在频域中的一些特性,如系统的稳定性、自激振荡的振荡频率和幅值等[110]。典型的非线性系统由一个非线性环节和一个线性环节构成,如图 6-8 所示。

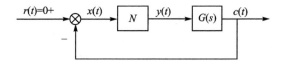

图 6-8　典型的非线性系统结构图

图 6-8 中,$G(s)$ 为控制系统的固有特性,其频率特性为 $G(\mathrm{j}\omega)$。一般情况下,$G(\mathrm{j}\omega)$ 具有低通特性,也就是说,信号中的高频分量受到不同程度的衰减,可以近似认为高频分量不能传递到输出端。那么非线性环节对于输入信号的基本频率分量的传递能力就可以提供系统关于自激振荡的基本信息。

设非线性环节的输入输出关系为 $y=f(x)$,如果输入信号为正弦信号 $x=A\sin\omega t$,A 是正弦信号的幅值,ω 是正弦信号的频率。则输出信号 $y(t)$ 为周期非正弦信号,可以展开为傅里叶级数:

$$y(t)=A_0+\sum_{n=1}^{\infty}(A_n\cos n\omega t+B_n\sin n\omega t)=A_0+\sum_{n=1}^{\infty}Y_n\sin(n\omega t+\varphi_n) \quad (6.8)$$

式中,A_0 是直流分量,$Y_n\sin(n\omega t+\varphi_n)$ 是第 n 次谐波分量,如果 $y(t)$ 为奇函数,则有 $A_0=0$。Y_n 和 φ_n 计算如下:

$$\begin{cases} Y_n=\sqrt{A_n^2+B_n^2} \\ \varphi_n=\arctan\dfrac{A_n}{B_n} \end{cases} \quad (6.9)$$

直流分量 A_0,傅里叶系数 A_n,B_n 计算如下:

$$\begin{cases} A_0=\dfrac{1}{2\pi}\displaystyle\int_0^{2\pi}y(t)\mathrm{d}\omega t \\ A_n=\dfrac{1}{\pi}\displaystyle\int_0^{2\pi}y(t)\cos n\omega t\,\mathrm{d}\omega t \\ B_n=\dfrac{1}{\pi}\displaystyle\int_0^{2\pi}y(t)\sin n\omega t\,\mathrm{d}\omega t \end{cases} \quad (6.10)$$

式中,$n=1,2,\cdots,N$。

其中,基波分量(一次谐波分量)为

$$y_1=Y_1\angle\varphi_1 \quad (6.11)$$

基波分量的幅值为

$$Y_1 = \sqrt{A_1^2 + B_1^2} \tag{6.12}$$

基波分量的相位为

$$\angle \varphi_1 = \arctan \frac{A_1}{B_1} \tag{6.13}$$

定义非线性环节的描述函数(DF)为输出信号的基波分量与输入正弦信号之比,表示为

$$N(A) = |N(A)| e^{j \angle N(A)} = \frac{Y_1}{A} e^{j \varphi_1} = \frac{B_1 + jA_1}{A} \tag{6.14}$$

定义 $e_i = z_i - x_i$，$i = 1, 2, \cdots, n+1$。扩张状态观测器误差方程可以表示为

$$\begin{cases} \dot{e}_1 = e_2 - \beta_1 \mathrm{fal}(e_1, \alpha_1, \delta) \\ \dot{e}_2 = e_3 - \beta_2 \mathrm{fal}(e_1, \alpha_2, \delta) \\ \quad \vdots \\ \dot{e}_n = e_{n+1} - \beta_n \mathrm{fal}(e_1, \alpha_n, \delta) \\ \dot{e}_{n+1} = -\beta_{n+1} \mathrm{fal}(e_1, \alpha_{n+1}, \delta) - h_f \end{cases} \tag{6.15}$$

为使 NESO 稳定性分析的问题得到简化,首先考虑没有在零点附近进行线性化的 NESO,证明当 $h_f \to 0$,扩张状态观测器的非线性环节为 $\mathrm{fal}(e, \alpha, \delta) = |e|^\alpha \mathrm{sign}(e)$ 时,系统相平面上会产生一个稳定的极限环,即发生自激振荡。

NESO 非线性环节的形式为 $\mathrm{fal}(e, \alpha, \delta) = |e|^\alpha \mathrm{sign}(e)$。可表示为 $y(x) = |x|^\alpha \mathrm{sign}(x)$。非线性输出 $y(x)$ 是输入 x 的奇函数。当系统的输入为正弦信号时 $x = A \sin \omega t$,该非线性环节的传递函数可表示为 $y(t) = |A \sin \omega t|^\alpha \mathrm{sign}(A \sin \omega t)$,可以得到 $A_0 = 0$，$A_1 = 0$，$B_1 = g(\alpha) A^\alpha$，$g(\alpha) = \frac{4}{\pi} \int_0^{\frac{\pi}{2}} (\sin \omega t)^{\alpha+1} \mathrm{d}\omega t$。

$g(\alpha)$ 的值由定积分计算比较困难,通过数值计算的方法对其进行计算。ESO 的非线性环节可以表示为 $N(A) = B_1 / A$。通过数值计算,不同 α 值下,$g(\alpha)$，B_1 和 $N(A)$ 的值如表 $6-1$ 所列。

表 $6-1$　不同 α 值下 $g(\alpha)$，$B1$ 和 $N(A)$ 的值

i	α	$g(\alpha)$	B_1	$N(A)$
1	$1/2^0$	1	A	$1/A$
2	$1/2^1$	1.112 8	$1.112\,8A^{\frac{1}{2}}$	$1.112\,8A^{\frac{1}{2}-1}$
3	$1/2^2$	1.185 2	$1.185\,2A^{\frac{1}{2^2}}$	$1.185\,2A^{\left(\frac{1}{2}\right)^2 - 1}$
4	$1/2^3$	1.227 0	$1.227\,0A^{\frac{1}{2^3}}$	$1.227\,0A^{\left(\frac{1}{2}\right)^3 - 1}$

i	α	$g(\alpha)$	B_1	$N(A)$
5	$1/2^4$	1.249 5	$1.249\,5A^{\frac{1}{2^4}}$	$1.249\,5A^{\left(\frac{1}{2}\right)^4-1}$
...	...	...	...	...
$n+1$	$1/2^n$	$g(1/2^n)$	$g\left(\dfrac{1}{2^n}\right)A^{\frac{1}{2^n}}$	$g\left(\dfrac{1}{2^n}\right)A^{\left(\frac{1}{2}\right)^n-1}$

非线性扩张状态观测器结构图如图 6 - 9 所示。为了应用描述函数方法对 NESO 进行分析,对 NESO 进行结构变换,变换后的 NESO 结构图如图 6 - 10 所示。

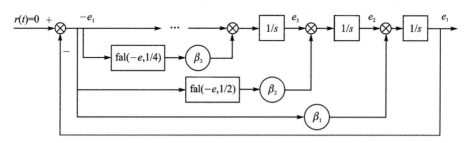

图 6 - 9　非线性扩张状态观测器结构图

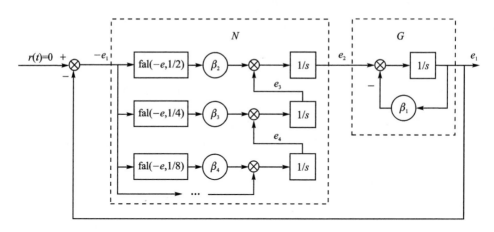

图 6 - 10　变换后的非线性扩张状态观测器结构图

在 6 - 10 中可以看到,变换后的非线性扩张状态观测器结构是一个由非线性环节 N 和线性环节 G 组成的一个闭环系统。非线性环节可以表示为 $y(t)=e_2=f(-e_1)$。如果这个系统发生了自激振荡,由于非线性环节高频的谐波输出信号在经过线性环节时会衰减,可以假定这个非线性系统的输入信号近似为一个正弦信号 $x(t)=-e_1=A\sin\omega t$。这时,非线性环节的输出信号可认为是一个非正弦的周期信号。对非线性环节 $y=e_2=f(-e_1)$,进行傅里叶变换并取一次谐波分量。则 $y(t)$ 和描述函数 $N(A)$ 可以表示如下:

$$y(t) = \sum_{k=2}^{n} \frac{\beta_k}{\omega^{k-1}} g\left(\frac{1}{2^{k-1}}\right) A^{\frac{1}{2^{k-1}}} \sin\left(wt - \frac{\pi}{2}(k-1)\right) \tag{6.16}$$

$$y(t) = \left(\sum_{k=1}^{2k+1 \leqslant n} (-1)^k \frac{\beta_{2k+1}}{\omega^{2k}} g\left(\frac{1}{2^{2k}}\right) A^{\frac{1}{2^{2k}}}, \sum_{k=1}^{2k \leqslant n} (-1)^k \frac{\beta_{2k}}{\omega^{2k-1}} g\left(\frac{1}{2^{2k-1}}\right) A^{\frac{1}{2^{2k-1}}} \right) \tag{6.17}$$

$$N(A) = \frac{y(t)}{A} = \left(\sum_{k=1}^{2k+1 \leqslant n} (-1)^k \frac{\beta_{2k+1}}{\omega^{2k}} g\left(\frac{1}{2^{2k}}\right) A^{\frac{1}{2^{2k}}-1}, \sum_{k=1}^{2k \leqslant n} (-1)^k \frac{\beta_{2k}}{\omega^{2k-1}} g\left(\frac{1}{2^{2k-1}}\right) A^{\frac{1}{2^{2k-1}}-1} \right) \tag{6.18}$$

式中，n 代表 NESO 系统的阶次。

非线性环节的负倒描述函数（Negative Converse Describing Function，NCDF）为 $-\frac{1}{N(A)}$。线性环节的频率特性为 $G(j\omega) = \frac{1}{j\omega + \beta_1}$。非线性扩张状态观测器误差状态方程的特征方程表示为

$$G(j\omega) = \frac{-1}{N(A)} \tag{6.19}$$

以三阶非线性扩张状态观测器为例，画出线性环节 $G(j\omega)$ 和 NCDF $\left(-\frac{1}{N(A)}\right)$ 在相平面上的曲线，其中参数选取为 $\beta_1 = 100, \beta_2 = 300, \beta_3 = 1\,000$。

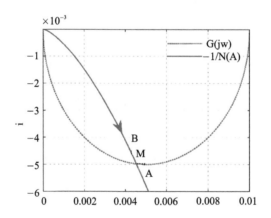

图 6-11 线性环节和负倒描述函数相平面曲线

在图 6-11 中，横轴代表相平面的实部，纵轴代表相平面的虚部，当临界点 M 受到幅值增大的扰动运动到 A 点，A 点不被 $G(j\omega)$ 曲线包围，因而 $-1/N(A)$ 曲线向幅值减小方向趋于 M 点运动；而当临界点 M 受到幅值减小的扰动运动到 B 点，B 点被 $G(j\omega)$ 曲线包围，因而 $-1/N(A)$ 曲线向幅值增大方向趋于 M 点运动。因此临界点 M 为自激振荡点。扩张状态观测器的非线性环节为 $\mathrm{fal}(e, \alpha, \delta) = |e|^\alpha \mathrm{sign}(e)$ 时，系统(6.15)发生自激振荡，在相平面上产生一个稳定的极限环。

下面讨论自激振荡发生时系统的幅值和频率大小。非线性扩张状态观测器误差

状态方程的特征方程表示为 $G(j\omega) = -1/N(A)$。对三阶非线性扩张状态观测器来说，误差状态方程的特征方程可以写为

$$\begin{cases} \dfrac{\beta_3}{\omega^2} g\left(\dfrac{1}{2^2}\right) A^{\frac{1}{2^2}-1} = \beta_1 \\[3mm] \dfrac{\beta_2}{\omega} g\left(\dfrac{1}{2}\right) A^{\frac{1}{2}-1} = \omega \end{cases} \tag{6.20}$$

可以得

$$\begin{cases} A_e = 1.286\ 8 \beta_1^{-4} \beta_2^{-4} \beta_3^4 \\[2mm] \omega_0 = 0.990\ 5 \beta_1 \beta_2^{1.5} \beta_3^{-1} \end{cases} \tag{6.21}$$

对于 n 阶非线性扩张状态观测器来说，误差状态方程可以表示为

$$\begin{cases} -\displaystyle\sum_{k=1}^{2k+1\leqslant n} (-1)^k \dfrac{\beta_{2k+1}}{\omega^{2k}} g\left(\dfrac{1}{2^{2k}}\right) A^{\frac{1}{2^{2k}}-1} = \beta_1 \\[4mm] -\displaystyle\sum_{k=1}^{2k\leqslant n} (-1)^k \dfrac{\beta_{2k}}{\omega^{2k-1}} g\left(\dfrac{1}{2^{2k-1}}\right) A^{\frac{1}{2^{2k-1}}-1} = \omega \end{cases} \tag{6.22}$$

由于高阶量 $-\displaystyle\sum_{k=2}^{2k\leqslant n} (-1)^k \dfrac{\beta_{2k}}{\omega^{2k-1}} g\left(\dfrac{1}{2^{2k-1}}\right) A^{\frac{1}{2^{2k-1}}-1}$ 远小于一阶分量 $\dfrac{\beta_2}{\omega} g\left(\dfrac{1}{2}\right) A^{\frac{1}{2}-1}$，高阶量 $-\displaystyle\sum_{k=2}^{2k+1\leqslant n} (-1)^k \dfrac{\beta_{2k+1}}{\omega^{2k}} g\left(\dfrac{1}{2^{2k}}\right) A^{\frac{1}{2^{2k}}-1}$ 也远小于分量 $\dfrac{\beta_2}{\omega} g\left(\dfrac{1}{2}\right) A^{\frac{1}{2}-1}$。因此，三阶非线性扩张状态观测器特征方程的解可以近似认为是高阶非线性扩张状态观测器的解。

以三阶到五阶非线性扩张状态观测器为例，取 $\beta_1 = 100$，$\beta_2 = 300$，$\beta_3 = 1\ 000$，$\beta_4 = 1\ 800$，$\beta_5 = 3\ 000$，非线性扩张状态观测器误差特征方程的解在表 6-2 中给出。

表 6-2 非线性扩张状态观测器误差特征方程的解

ESO	三阶	四阶	五阶	…
A_e	$1.589\ e^{-06}$	$1.613\ e^{-6}/1.565\ e^{-6}$	$1.611\ e^{-6}/1.614\ e^{-6}$	…
ω_0	514.68	$511.76/517.52$	$511.83/517.68$	…

在 6-2 中可以看到，三阶、四阶和五阶非线性扩张状态观测器误差特征方程的解基本是相等的，可以近似的用三阶非线性扩张状态观测器特征方程的解代替高阶非线性扩张状态观测器的解。接下来，考虑在零点附近进行线性化的非线性扩张状态观测器。

对线性化后的 NESO 来说，在线性化区间内，线性化后的 NESO 实际上为 LESO。那么可以按照 LESO 的分析方法，使其满足稳定性条件即可，即特征方程的根均具有负实部。在线性化区间内 NESO 等效的 LESO 参数为

$$\beta_{Li} = \beta_i \delta^{\alpha_i - 1}, \qquad i = 1, 2, \cdots, n+1 \tag{6.23}$$

因此,可以得出结论,为了避免 NESO 自激振荡的发生,应当满足两个条件:

条件 1:线性化区间参数 δ 应当大于未线性化的 NESO 的自激振荡时的误差 e 的幅值;

条件 2:线性化区间内的参数 β_{Li} 应当满足特征方程 $s^n + \sum\limits_{i=1}^{n}\beta_{Li}s^{n-i}=0$ 的根均具有负实部。

以上分析均是基于描述函数法得到的结论,然而描述函数方法仅仅作为一种工程方法,并没有严格的数学分析作为上述论证的基础,相关的结论还需要仿真验证。接下来,先给出一种 NESO 参数优化方法,之后再对 ESO 稳定性分析的内容进行仿真验证。

2. 非线性扩张状态观测器参数优化设计

上述分析结果给出了一种怎样选择线性区间 δ 能够避免高阶 NESO 自激振荡问题的方法。线性化区间参数 δ 的取值可以在参数 β_1,β_2,$\cdots$,β_{n+1} 整定完成之后再进行选取。NESO 的参数 β_1,β_2,$\cdots$,β_{n+1} 和 δ 只需满足上述两个条件即可。接下来,给出一种快速简捷的 NESO 参数优化算法。参数 β_1,β_2,$\cdots$,β_{n+1} 选取为

$$\beta_i = C_{n+1}^i \omega_0^i \delta^{1-a_i}, \qquad i=1,2,\cdots,n+1 \tag{6.24}$$

在零点附近的线性区域内

$$\beta_{Li} = C_{n+1}^i \omega_0^i, \qquad i=1,2,\cdots,n+1 \tag{6.25}$$

在零点附近对应的特征方程为

$$\sum_{i=0}^{n+1} C_{n+1}^i \omega_0^i s^{n+1-i} = (s+\omega_0)^{n+1} = 0 \tag{6.26}$$

可以看到通过上述参数优化设计方法,针对线性区内,零点附近对应的特征方程的根均在相平面的左半轴;针对线性区外,即未在零点附近进行线性化的 NESO 来说,其自激振荡的幅值为

$$A \approx \left(\frac{1.185\,2\beta_3}{1.112\,8\beta_2\beta_1}\right)^4 = 0.011\,7\left(\frac{n-2}{n}\right)^4 \delta < \delta, \qquad n \geqslant 3 \tag{6.27}$$

可以看到其自激振荡的幅值 A 远小于所设计的线性区间参数 δ。NESO 的优势在于大误差小增益和小误差大增益。通过这种参数优化方法优化出的参数,能够利用非线性环节保证大误差小增益的优势,又能利用线性化区间的参数保证小误差大增益,而这里所用的大增益又不会引起自激振荡现象的出现。在参数设计时也只有两个参数需要选择,一是观测器的带宽,其设计的原理与 LESO 带宽法设计的原理一致;二是误差线性化区间的选择,该参数可以参考系统传感器的量测噪声的信息,选择合适的值。

3. 仿真验证

本小节将给出三组仿真结果并对其进行分析:第一组验证对于未在零点线性化

的 NESO 来说，上述推导的自激振荡时的幅值和相角与实际的仿真情况吻合；第二组验证按照给出的线性化区间参数选取办法，能够有效避免 NESO 自激振荡的发生；第三组给出两个实例的仿真，验证所提出的 NESO 参数优化方法在控制系统设计中的应用效果。

首先，进行第一组仿真。利萨如图形是两个沿着互相垂直方向的正弦振动合成的轨迹，由 Nathaniel Bowditch 在 1815 年首先研究这一族曲线，Jules Lissajous 在 1857 年进行了更为详细的研究。第一组仿真中，本书借用利萨如图形来描述发生自激振荡时误差状态的幅值和相角关系。对三阶未在零点线性化的 NESO，选定参数 $\beta_1 = 100$，$\beta_2 = 300$，$\beta_3 = 1\,000$，发生自激振荡时按公式(6.21)算出的理论幅值和相角如表 6 - 3 所列。

表 6 - 3　自激振荡时误差状态的幅值和相角

变　量	理论幅值	理论相角
e_1	1.589e−06	0
e_2	8.329e−04	79.01
e_3	0.082	−90

对三阶 NESO，误差状态 e_1 和 e_2，误差状态 e_1 和 e_3 的利萨如图形如图 6 - 12 所示。对四阶 NESO，取 $\beta_1 = 100$，$\beta_2 = 300$，$\beta_3 = 1\,000$，$\beta_4 = 1\,800$，误差状态 e_1 和 e_2，误差状态 e_1 和 e_3，误差状态 e_1 和 e_4 的利萨如图形如图 6 - 13 所示。对五阶 NESO，取 $\beta_1 = 100$，$\beta_2 = 300$，$\beta_3 = 1\,000$，$\beta_4 = 1\,800$，$\beta_5 = 3\,000$，误差状态 e_1 和 e_2，误差状态 e_1 和 e_3，误差状态 e_1 和 e_4，误差状态 e_1 和 e_5 的利萨如图形如图 6 - 14 所示。

在图 6 - 12 到图 6 - 14 中，红色虚线代表理论推导的利萨如图形，蓝色实线代表实际仿真的利萨如图形，可以看到发生自激振荡时仿真曲线和理论曲线吻合的很好。

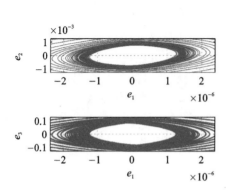

图 6 - 12　三阶 NESO 利萨如图形

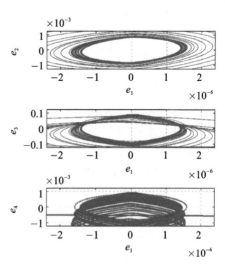

图 6 - 13　四阶 NESO 利萨如图形

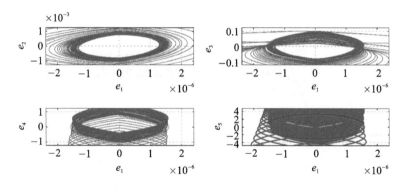

图 6-14　五阶 NESO 利萨如图形

接着,进行第二组仿真,研究线性区间参数 δ 不同时自激振荡是否发生。以具有如下形式的二阶系统作为例子。

$$
\begin{cases}
\dot{x}_1 = x_2 \\
\dot{x}_2 = a\,\text{sign}(\sin(\omega t)) + 3\cos\left(\dfrac{t}{2}\right) \\
y = x_1
\end{cases}
\tag{6.28}
$$

式中,$a=1$,$\omega=1$。

在这个例子中 $3\cos(t/2)$ 作为已知的输入信号。三阶 NESO 参数取 $\beta_1 = 100$,$\beta_2 = 300$,$\beta_3 = 1\,000$。在零点附近($|e| \leqslant \delta$),NESO 等价于 LESO。相应的 LESO 参数为 $\beta_{Li} = \beta_i \delta^{\alpha_i - 1}$,$i = 1, 2, \cdots, n+1$。在这个例子中 $\beta_{L1} = \beta_1$,$\beta_{L2} = \beta_2 \delta^{1/2-1}$,$\beta_{L3} = \beta_3 \delta^{1/4-1}$。

为避免 NESO 自激振荡的发生,NESO 参数应当满足两个条件。

条件 1:线性化区间参数 δ 应当大于未线性化的 NESO 的自激振荡时的误差 e 的幅值;

条件 2:线性化区间内的参数 β_{Li} 应当满足特征方程 $s^n + \sum\limits_{i=1}^{n} \beta_{Li} s^{n-i} = 0$ 的根均具有负实部。

要满足条件 1,需要 $\delta > A_e$,$A_e = 1.286\,8\beta_1^{-4}\beta_2^{-4}\beta_3^4$;要满足条件 2,需要 $\delta > A_\beta$($A_\beta = \beta_1^{-4}\beta_2^{-4}\beta_3^4$)。因此,同时满足条件 1 和条件 2 的 δ 取值要满足 $\delta > A_e$($\delta > 1.286\,8A_\beta$)。

在仿真中,线性化区间参数 δ,取两组不同的值,一组略小于 A_e,一组略大于 A_e,分别为 $\delta = 1.1A_\beta$,$\delta = 1.4A_\beta$;当 $\delta = 1.1A_\beta$ 时,条件 1 不满足,条件 2 满足,系统应当发生自激振荡;当 $\delta = 1.4A_\beta$ 时,条件 1 和条件 2 都满足,系统不会发生自激振荡,跟踪误差应当趋于零。相应的仿真结果如图 6-15～图 6-17 所示。

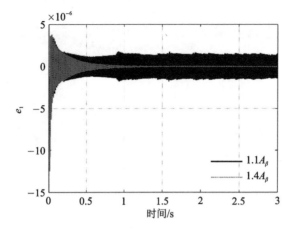

图 6-15   三阶 NESO 输出状态 e_1

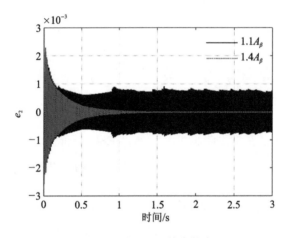

图 6-16   三阶 NESO 输出状态 e_2

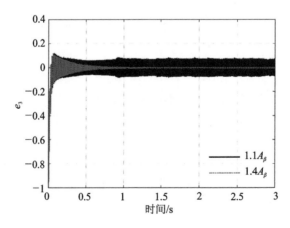

图 6-17   三阶 NESO 输出状态 e_3

在图 6-15～图 6-17,黑色实线代表 $\delta=1.1A_\beta$ 时,NESO 的状态输出,蓝色虚线代表 $\delta=1.4A_\beta$ 时,NESO 的状态输出。当 $\delta=1.1A_\beta$ 时,条件 1 不满足,条件 2 满足,系统发生了自激振荡,且自激振荡的幅值和上文给出的推导结果一致;当 $\delta=1.4A_\beta$ 时,条件 1 和条件 2 都满足,系统没有发生自激振荡,且跟踪误差趋于零。相应的仿真结果在图 6-15～图 6-17 中给出。

最后,进行第三组仿真,验证所提出的 NESO 参数优化方法的有效性。被控对象模型 1 选取二阶系统[111]。相应的数学模型表示为

$$\ddot{y}=(-1.41\dot{y}+23.2T_d)+23.2u \tag{6.29}$$

式中,y 是系统输出,u 是控制量,T_d 是扰动项。

系统(6.29)的传递函数可表示为

$$Y(s)=\frac{k}{s^2+a_0s}(U(s)+T_d(s)) \tag{6.30}$$

式中,$k=23.2$,$a_0=1.41$。

该二阶模型 ADRC 控制中的 PID 控制器,选取具有如下形式的 PD 控制器:

$$u=k_p(r-y)+k_d(-\dot{y}) \tag{6.31}$$

使用特征根配置的方法,把闭环控制系统的带宽设置为 4 rad/s,可以得到 $k_p=\omega_c^2/k$,$k_d=(2\omega_c-a_0)/k$。计算得到 $k_p=0.689$,$k_d=0.284$。

NESO 的参数选取为 $\omega_0=20$ rad/s,$\delta=0.01$。根据公式(6.24),可以得到 $\beta_1=60$,$\beta_2=120$,$\beta_3=253$,$\delta=0.01$。

用 PD 控制作为对照组。PD 控制器的参数和上述设计的 ADRC 中 PD 控制器的参数相同。系统的采样频率为 1 kHz。传感器噪声为 0.1% 白噪声。在 $t=3$ s 时加入一个幅值为 0.5 的阶跃干扰来测试系统的抗扰能力。仿真结果如图 6-18 所示。

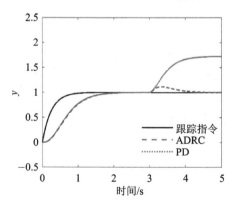

图 6-18　二阶控制系统输出响应

在图 6-18 中,黑色实线为跟踪指令,蓝色虚线为 ADRC 控制器输出,红色点线为 PD 控制器输出。可以看到,在未加干扰前,ADRC 和 PD 控制器的控制效果相同;加入干扰后 PD 控制器有一个稳定的相对较大的稳态误差,而 ADRC 控制器能

够有效抑制系统受到的干扰力矩,系统受到干扰后有短暂的波动但很快收敛。使用设计的 NESO 并未发生观测信号自激振荡的现象。

上述实例研究了一个二阶系统,接下来研究一个三阶系统的例子,其系统结构图如图 6-19 所示[112]。

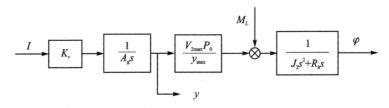

图 6-19 三阶系统结构图

系统的传递函数可表示为

$$G(s) = \frac{\varphi(s)}{I(s)} = \frac{\dfrac{K_v V_{2max} P_0}{A_g y_{max}}}{s(J_2 s^2 + R_h s)} \tag{6.32}$$

式中,φ 是系统输出,I 是控制量,M_L 是扰动项,$K_v = 3.333 \times 10^{-6}$,$J_2 = 11.27$,$A_g = 1.849 \times 10^{-3}$,$y_{max} = 0.014$,$R_h = 0.15$,$V_{2max} = 6.369\,4 \times 10^{-6}$,$P_0 = 8$。

根据上述三阶系统模型设计自抗扰控制器,结构图如图 6-20 所示。

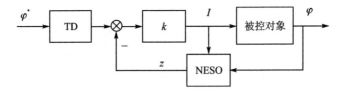

图 6-20 三阶系统自抗扰控制器结构图

使用特征根配置的方法,把闭环控制系统的带宽设置为 2 rad/s,可以得到 $k = \begin{bmatrix} 13.7 & 20.6 & 10.2 & 1.72 \end{bmatrix}$。NESO 的参数选取为 $\omega_0 = 15$ rad/s,$\delta = 0.01$。根据公式(6.24)可以得到 $\beta_1 = 60$,$\beta_2 = 135$,$\beta_3 = 427$,$\beta_4 = 900$,$\delta = 0.01$。

用双闭环反馈控制(Double Loop Feedback Control, DLFC)作为对照组。该三阶系统双闭环反馈控制器结构图如图 6-21 所示。

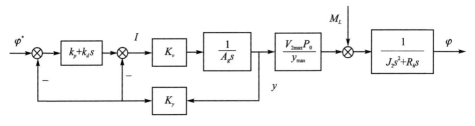

图 6-21 三阶系统双闭环反馈控制器结构图

双闭环反馈控制参数为 $k_p=13.7$，$k_d=20.6$，$k_y=3\ 333.3$。系统的采样频率为 $1\ \mathrm{kHz}$。传感器噪声为 0.1% 白噪声。扰动项 M_L 取 2。仿真结果如图 6-22 和图 6-23 所示。

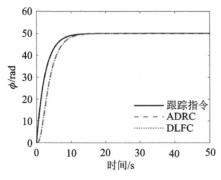

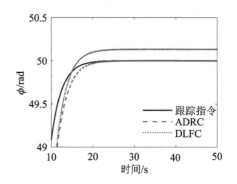

图 6-22　三阶闭环系统输出响应　　　　图 6-23　三阶闭环系统输出响应（局部放大）

在图 6-22 和图 6-23 中，黑色实线为跟踪指令，蓝色点划线为 ADRC 控制器输出，红色虚线为 DLFC 控制器输出。从图 6-22 和图 6-23 中可以看到，使用设计的 NESO 对系统进行观测，并未发生观测信号自激振荡的现象；ADRC 和 DLFC 控制器的调节时间基本相同，但相比于 ADRC，DLFC 控制在负载转矩的作用下，有一个稳定的静差，ADRC 控制器能够有效抑制系统受到的扰动。

上述三组仿真结果表明：

① 对于未在零点线性化的 NESO 来说，推导的自激振荡时的幅值和相角与实际的仿真情况吻合；

② 按照给出的线性化区间参数选取办法，能够有效避免 NESO 自激振荡的发生；

③ 两个仿真实例证明了所提出的 NESO 参数优化方法的可行性。

本小节（6.3.1）分析了自抗扰控制器设计中的 ESO 的选择问题，是选择非线性的扩张状态观测器 NESO，还是线性的扩张状态观测器 LESO。分析结果通过对 NESO 的参数优化设计，将 NESO 和 LESO 有机的统一了起来。这为接下来 ADRC 的稳定性分析和性能分析打下了坚实的基础。在本书接下来的设计中，ESO 的设计将按照 NESO 设计，并按照 6.3.1 小节中提出的参数优化方法进行 NESO 的参数优化。在下文中，进行的 ADRC 稳定性分析和性能分析时，均基于 LESO 的设计。

6.3.2　自抗扰控制器稳定性

在上小节（6.3.1）中论述了自抗扰控制器 LESO 和 NESO 之间的关系，本小节（6.3.2）在自抗扰控制器 ESO 选取 LESO 的基础上，进一步分析 ADRC 的稳定性问题。关于自抗扰控制的稳定性，现有一些研究成果。陈增强等[113]重点围绕近年来线性自抗扰控制理论的发展进行综述,并对线性自抗扰控制(LADRC)在实际应用中的典型案例进行总结。文献[114]针对不确定线性时不变对象,首次推导了LADRC控制器的传递函数,利用频域方法分析系统的性能和稳定性;文献[115]分析了具有不确定性的非线性时变系统的LADRC的稳定性,当系统模型动态完全已知时,系统为渐近稳定;当存在模型不确定性时,ESO估计误差和控制器跟踪误差均有上界,且随着带宽增加而单调递减。在此基础上,文献[116]针对多入多出系统,证明了在扩张状态观测器跟踪误差趋于零的前提下,LADRC闭环系统是输入——输出有界稳定的。文献[117-118]采用奇异摄动理论研究了带有未知模型动态的非线性时变系统的LADRC的闭环稳定性,证明了观测器误差充分小时闭环系统是指数稳定的,总扰动的可微是唯一需要进行的假设。对于非线性自抗扰控制器,中国科学技术大学的郭宝珠[119]和赵志良[120]研究了其收敛性。关于ADRC的闭环稳定性分析和优化设计方面,郭宝珠教授课题组在文献[121-123]中也做了一系列工作。文献[124]讨论了线性自抗扰控制器和内模控制器之间的关系。文献[125]对自抗扰控制中的不变性原理进行了深度剖析,从而较好地把握抗扰本质和指导工程实践。

目前来看,针对ADRC稳定性分析,绝大部分的稳定性分析成果是基于观测器收敛的前提下得到的,但实际上待观测信号有界等于事先已经假定了闭环的稳定性。其他的稳定性结果往往也是在观测器带宽足够高的情况下得到的,即高增益反馈,对工程实践的指导价值并不大[126]。

本小节(6.3.2)在已有的研究基础上,分析LADRC的稳定性问题。在自抗扰控制器设计时,对被控对象并没有必要的先验信息(系统状态方程或传递函数等)的要求,即不依赖于准确的系统模型的特点,只有系统的阶数准确,所设计出的ADRC控制器就可以有较好的性能。但对系统的先验信息了解的越多,所设计出来的控制器性能会越好。能够用已知的信息进行设计的部分,就不需要用观测器进行观测再在控制系统中进行补偿。对于飞行器控制系统设计来说,已有的气动数据能够提供用于气动设计的被控对象参数。因此,针对LADRC的稳定性问题,被控对象具有一定的先验知识是很有必要的。本书考虑被控对象为具有如下形式的 n 阶匹配不确定性系统:

$$\dot{x} = Ax + B_1 u + B_2 h, \quad y = cx \tag{6.33}$$

$$\dot{x} = \overline{A}x + \Delta Ax + \overline{B}_1 u + \Delta B_1 u + B_2 h, \quad y = cx \tag{6.34}$$

$$\dot{x} = \overline{A}x + \overline{B}_1(u + (\widetilde{A} + \widetilde{B}_1 + \widetilde{D})), \quad y = cx \tag{6.35}$$

式中,

$$A = \begin{bmatrix} 0 & 1 & \cdots & 0 \\ \vdots & \vdots & & \vdots \\ 0 & 0 & \cdots & 1 \\ -a_0 & -a_1 & \cdots & -a_{n-1} \end{bmatrix},$$

$$\overline{A} = \begin{pmatrix} 0 & 1 & \cdots & 0 \\ \vdots & \vdots & & \vdots \\ 0 & 0 & \cdots & 1 \\ -\bar{a}_0 & -\bar{a}_1 & \cdots & -\bar{a}_{n-1} \end{pmatrix},$$

$$\Delta A = \begin{pmatrix} 0 & \cdots & \cdots & 0 \\ \vdots & & & \vdots \\ 0 & \cdots & \cdots & 0 \\ -\Delta a_0 & -\Delta a_1 & \cdots & -\Delta a_{n-1} \end{pmatrix},$$

$$\boldsymbol{B}_1 = (0 \quad \cdots \quad 0 \quad b_0)^{\mathrm{T}}, \quad \overline{\boldsymbol{B}}_1 = (0 \quad \cdots \quad 0 \quad \bar{b}_0)^{\mathrm{T}},$$

$$\Delta \boldsymbol{B}_1 = (0 \quad \cdots \quad 0 \quad \Delta b_0)^{\mathrm{T}}, \quad \boldsymbol{B}_2 = (0 \quad \cdots \quad 0 \quad 1)^{\mathrm{T}}, \quad \boldsymbol{c} = (1 \quad 0 \quad \cdots \quad 0),$$

h 为系统受到的外界干扰；

$$\widetilde{A} = -\frac{\Delta ax}{\bar{b}_0}, \quad \widetilde{B}_1 = \frac{\Delta b_0}{\bar{b}_0}u, \quad \widetilde{D} = \frac{h}{\bar{b}_0}, \bar{a}_0, \bar{a}_1, \cdots, \bar{a}_{n-1}, \bar{b}_0$ 是标称模型系统

参数。

$\Delta \boldsymbol{a} = (\Delta a_0 \quad \Delta a_1 \quad \cdots \quad \Delta a_{n-1}), \Delta a_i = a_i - \bar{a}_i, i = 0, 1, \cdots, n-1, \Delta b_0 = b_0 - \bar{b}_0,$ $\Delta a_i, \Delta b_0$ 是(6.34)建模误差。

对系统(6.34)设计 LESO 形式如下：

$$\dot{z} = (\overline{A}' - \boldsymbol{H}'c')z + \overline{\boldsymbol{B}}_1'u + \boldsymbol{H}'y \tag{6.36}$$

式中，$\overline{A}' = \begin{pmatrix} 0 & 1 & 0 & \cdots & 0 \\ \vdots & \ddots & \ddots & \ddots & \vdots \\ 0 & \cdots & 0 & 1 & 0 \\ -\bar{a}_0 & -\bar{a}_1 & \cdots & -\bar{a}_{n-1} & 1 \\ 0 & 0 & 0 & \cdots & 0 \end{pmatrix}, \boldsymbol{H}' = (\beta_1 \quad \beta_2 \quad \cdots \quad \beta_n \quad \beta_{n+1})^{\mathrm{T}},$

$\overline{\boldsymbol{B}}_1' = (0 \quad \cdots \quad 0 \quad \bar{b}_0 \quad 0)^{\mathrm{T}}, c' = (c \quad 0)$。

对系统(6.34)设计自抗扰控制器状态反馈如下：

$$u = r - \boldsymbol{k}'z \tag{6.37}$$

式中，$\boldsymbol{k}' = \begin{pmatrix} k_1 & \cdots & k_n & \dfrac{1}{\bar{b}_0} \end{pmatrix}$。

自抗扰控制器作用下，系统状态方程和观测器方程可表示如下：

$$\dot{x} = \boldsymbol{A}x - \boldsymbol{B}_1\boldsymbol{k}'z + \boldsymbol{B}_1r + \boldsymbol{B}_2h, \quad y = \boldsymbol{c}x \tag{6.38}$$

$$\dot{z} = (\overline{A}' - \boldsymbol{H}'c' - \overline{\boldsymbol{B}}_1'\boldsymbol{k}')z + \boldsymbol{B}_1'r + \boldsymbol{H}'\boldsymbol{c}x \tag{6.39}$$

根据式(6.38)和式(6.39)，可得闭环控制系统的动态方程为

$$\begin{pmatrix} \dot{x} \\ \dot{z} \end{pmatrix} = \begin{pmatrix} \boldsymbol{A} & -\boldsymbol{B}_1\boldsymbol{k}' \\ \boldsymbol{H}'\boldsymbol{c} & \overline{A}' - \boldsymbol{H}'c' - \overline{\boldsymbol{B}}_1'\boldsymbol{k}' \end{pmatrix} \begin{pmatrix} x \\ z \end{pmatrix} + \begin{pmatrix} \boldsymbol{B}_1 \\ \overline{\boldsymbol{B}}_1' \end{pmatrix} r + \begin{pmatrix} \boldsymbol{B}_2 \\ \boldsymbol{0} \end{pmatrix} h$$

$$y = \begin{pmatrix} c & 0 \end{pmatrix} \begin{pmatrix} x \\ z \end{pmatrix} \tag{6.40}$$

对于系统(6.34)的标称系统来说,闭环控制系统的动态方程为

$$\begin{pmatrix} \dot{x}_M \\ \dot{z}_M \end{pmatrix} = \begin{pmatrix} \overline{A} & -\overline{B}_1 k' \\ H'c & A' - H'c' - \overline{B}'_1 k' \end{pmatrix} \begin{pmatrix} x_M \\ z_M \end{pmatrix} + \begin{pmatrix} \overline{B}_1 \\ \overline{B}'_1 \end{pmatrix} r$$

$$y_M = \begin{pmatrix} c & 0 \end{pmatrix} \begin{pmatrix} x_M \\ z_M \end{pmatrix} \tag{6.41}$$

定义 $\begin{pmatrix} \Delta x \\ \Delta z \end{pmatrix} = \begin{pmatrix} x \\ z \end{pmatrix} - \begin{pmatrix} x_M \\ z_M \end{pmatrix}$, $\Delta y = y - y_M$, 式(6.40)可以写为

$$\begin{pmatrix} \dot{x}_M + \Delta\dot{x} \\ \dot{z}_M + \Delta\dot{z} \end{pmatrix} = \begin{pmatrix} \overline{A} & -\overline{B}_1 k' \\ H'c & A' - H'c' - \overline{B}_1 k' \end{pmatrix} \begin{pmatrix} x_M + \Delta x \\ z_M + \Delta z \end{pmatrix} +$$

$$\begin{pmatrix} \Delta A & -\Delta B_1 k' \\ 0 & 0 \end{pmatrix} \begin{pmatrix} x_M + \Delta x \\ z_M + \Delta z \end{pmatrix} + \begin{pmatrix} B_1 \\ \overline{B}'_1 \end{pmatrix} r + \begin{pmatrix} B_2 \\ 0 \end{pmatrix} h$$

$$y_M + \Delta y = \begin{pmatrix} c & 0 \end{pmatrix} \begin{pmatrix} x_M + \Delta x \\ z_M + \Delta z \end{pmatrix} \tag{6.42}$$

然后,可以得

$$\begin{pmatrix} \Delta\dot{x} \\ \Delta\dot{z} \end{pmatrix} = \begin{pmatrix} \overline{A} & -\overline{B}_1 k' \\ H'c & A' - H'c' - \overline{B}'_1 k' \end{pmatrix} \begin{pmatrix} \Delta x \\ \Delta z \end{pmatrix} + \begin{pmatrix} \Delta A & -\Delta B_1 k' \\ 0 & 0 \end{pmatrix} \begin{pmatrix} x_M \\ z_M \end{pmatrix} +$$

$$\begin{pmatrix} \Delta A & -\Delta B_1 k' \\ 0 & 0 \end{pmatrix} \begin{pmatrix} \Delta x \\ \Delta z \end{pmatrix} + \begin{pmatrix} \Delta B_1 \\ 0 \end{pmatrix} r + \begin{pmatrix} B_2 \\ 0 \end{pmatrix} h$$

$$\Delta y = \begin{pmatrix} c & 0 \end{pmatrix} \begin{pmatrix} \Delta x \\ \Delta z \end{pmatrix} \tag{6.43}$$

系统(6.43)的不确定性主要体现在两部分,一部分为系统受到的外界干扰 h(称为"外扰")和系统模型参数的不确定性 ΔA 和 ΔB_1(称为"内扰")。自抗扰控制的作用为主动地、自然而然地"抗扰",即排除系统内外的不确定性(广义扰动)。接下来,分两种情况研究系统(6.43)的收敛性。

第一种情况为系统模型参数的不确定性较小,二阶小量 $\begin{pmatrix} \Delta A & -\Delta B_1 k' \\ 0 & 0 \end{pmatrix} \begin{pmatrix} \Delta x \\ \Delta z \end{pmatrix}$ 可以被忽略(系统"内扰"较小可以被部分忽略,并将余下的部分"内扰"归于"外扰"进行分析);第二种情况为系统模型参数的不确定性较大,二阶小量 $\begin{pmatrix} \Delta A & -\Delta B_1 k' \\ 0 & 0 \end{pmatrix} \begin{pmatrix} \Delta x \\ \Delta z \end{pmatrix}$ 不可以被忽略("内扰较大",不可忽略,需要进行分析)。

首先,研究第一种情况,忽略二阶小量 $\begin{pmatrix} \Delta A & -\Delta B_1 k' \\ 0 & 0 \end{pmatrix} \begin{pmatrix} \Delta x \\ \Delta z \end{pmatrix}$,可以得到状态空

间方程：

$$\begin{pmatrix} \Delta \dot{x} \\ \Delta \dot{z} \end{pmatrix} = \begin{pmatrix} \overline{A} & -\overline{B}_1 k' \\ H'c & \overline{A}' - H'c' - \overline{B}'_1 k' \end{pmatrix} \begin{pmatrix} \Delta x \\ \Delta z \end{pmatrix} + \begin{pmatrix} B_2 \\ 0 \end{pmatrix} w$$

$$\Delta y = (c \quad 0) \begin{pmatrix} \Delta x \\ \Delta z \end{pmatrix} \tag{6.44}$$

式中，$w = h + \Delta b_0 r - \Delta a x_M - \Delta b_0 k' z_M$。

对式（6.44）进行坐标变换，

$$\begin{pmatrix} \Delta x \\ \Delta \tilde{z} \end{pmatrix} = P \begin{pmatrix} \Delta x \\ \Delta z \end{pmatrix} \tag{6.45}$$

式中，$P = \begin{pmatrix} I_n & 0 \\ J & -I_{n+1} \end{pmatrix}$，$P^{-1} = \begin{pmatrix} I_n & 0 \\ J & -I_{n+1} \end{pmatrix}$，$J = \begin{pmatrix} I_n \\ 0 \end{pmatrix}_{(n+1) \times n}$。

经过坐标变换后的 $(2n+1)$ 阶状态空间方程为

$$\begin{pmatrix} \Delta \dot{x} \\ \Delta \dot{\tilde{z}} \end{pmatrix} = \begin{pmatrix} A - \overline{B}_1 k & \overline{B}_1 k' \\ 0 & \overline{A}' - H'c' \end{pmatrix} \begin{pmatrix} \Delta x \\ \Delta \tilde{z} \end{pmatrix} + \begin{pmatrix} B_2 \\ B'_2 \end{pmatrix} w \tag{6.46}$$

式中，$k = (k_1 \quad \cdots \quad k_n)$，$B'_2 = (0 \quad \cdots \quad 0 \quad 1 \quad 0)^T$。

由式（6.46）可以得到传递函数：

$$G_{W_1}(s) = \frac{\Delta Y(s)}{W(s)} = \frac{|sI_{n+1} - (\overline{A}' - H'c' - \overline{B}'_1 k')|}{|sI_n - (\overline{A} - \overline{B}_1 k)| |sI_{n+1} - (\overline{A}' - H'c')|} \tag{6.47}$$

由传递函数（6.47）可以看到，只需要选择合适的控制器参数 k' 和观测器参数 H'，使得控制器和观测器分别稳定，即特征方程 $|sI_n - (\overline{A} - \overline{B}_1 k)| = 0$ 和 $|sI_{n+1} - (\overline{A} - H'c')| = 0$ 的根均具有负实部，那么控制系统就是稳定的，系统（6.44）是最终一致有界的。这也符合控制器和观测器设计的分离性原理。但当系统不确定性较大，二阶小量 $\begin{pmatrix} \Delta A & -\Delta B_1 k' \\ 0 & 0 \end{pmatrix} \begin{pmatrix} \Delta x \\ \Delta z \end{pmatrix}$ 不可以被忽略，上述分析结果就不再适用。

接下来，研究第二种情况：系统不确定性较大，二阶小量 $\begin{pmatrix} \Delta A & -\Delta B_1 k' \\ 0 & 0 \end{pmatrix} \begin{pmatrix} \Delta x \\ \Delta z \end{pmatrix}$ 不可以被忽略时，系统（6.43）的收敛条件。即控制器参数 k' 和观测器参数 H'，系统不确定性 A 和 B_1 满足怎样的条件时，系统（6.43）是最终一致有界的，即

$$\lim_{t \to +\infty} |\Delta y(t)| < \varepsilon \tag{6.48}$$

先给出这个问题的回答，之后再对其进行证明。

定理：如果特征方程 $\lambda(s)$ 的根均具有负实部，那么系统（6.43）是最终一致有界的。

$$\lambda(s) = |sI_n - (\overline{A} - \overline{B}_1 k)| |sI_{n+1} - (\overline{A}' - H'c')| + \Delta_1 \tag{6.49}$$

式中，$B'_1 = (0 \quad \cdots \quad 0 \quad b_0 \quad 0)^T$，

$$\Delta_1 = |sI_n - (A - B_1 k)| |sI_{n+1} - (\overline{A}' - H'c' - \overline{B}'_1 k')| -$$

$$\mid s\boldsymbol{I}_n - (\overline{\boldsymbol{A}} - \overline{\boldsymbol{B}}_1\boldsymbol{k}) \mid \mid s\boldsymbol{I}_{n+1} - (\overline{\boldsymbol{A}}' - \boldsymbol{H}'c' - \overline{\boldsymbol{B}}'_1\boldsymbol{k}') \mid$$

证明:

当系统不确定性较大,二阶小量 $\begin{pmatrix} \Delta\boldsymbol{A} & -\Delta\boldsymbol{B}_1\boldsymbol{k}' \\ \boldsymbol{0} & \boldsymbol{0} \end{pmatrix}\begin{pmatrix} \Delta\boldsymbol{x} \\ \Delta\boldsymbol{z} \end{pmatrix}$ 不可以被忽略,系统可以写为

$$\begin{pmatrix} \Delta\dot{\boldsymbol{x}} \\ \Delta\dot{\boldsymbol{z}} \end{pmatrix} = \begin{pmatrix} \boldsymbol{A} & -\boldsymbol{B}_1\boldsymbol{k}' \\ \boldsymbol{H}'c & \overline{\boldsymbol{A}}' - \boldsymbol{H}'c' - \overline{\boldsymbol{B}}'_1\boldsymbol{k}' \end{pmatrix}\begin{pmatrix} \Delta\boldsymbol{x} \\ \Delta\boldsymbol{z} \end{pmatrix} + \begin{pmatrix} \boldsymbol{B}_2 \\ \boldsymbol{0} \end{pmatrix}w$$

$$\Delta\boldsymbol{y} = (\boldsymbol{c} \quad \boldsymbol{0})\begin{pmatrix} \Delta\boldsymbol{x} \\ \Delta\boldsymbol{z} \end{pmatrix} \tag{6.50}$$

对公式(6.50)进行坐标变换,

$$\begin{pmatrix} \Delta\boldsymbol{x} \\ \Delta\tilde{\boldsymbol{z}} \end{pmatrix} = \boldsymbol{P}\begin{pmatrix} \Delta\boldsymbol{x} \\ \Delta\boldsymbol{z} \end{pmatrix} \tag{6.51}$$

经过坐标变换后的 $(2n+1)$ 阶状态空间方程为

$$\begin{pmatrix} \Delta\dot{\boldsymbol{x}} \\ \Delta\dot{\tilde{\boldsymbol{z}}} \end{pmatrix} = \begin{pmatrix} \boldsymbol{A} - \boldsymbol{B}_1\boldsymbol{k} & \boldsymbol{B}_1\boldsymbol{k}' \\ \boldsymbol{JA} - \overline{\boldsymbol{A}}'\boldsymbol{J} - \Delta\boldsymbol{B}'_1\boldsymbol{k} & \overline{\boldsymbol{A}}' - \boldsymbol{H}'c' + \Delta\boldsymbol{B}'_1\boldsymbol{k}' \end{pmatrix}\begin{pmatrix} \Delta\boldsymbol{x} \\ \Delta\tilde{\boldsymbol{z}} \end{pmatrix} + \begin{pmatrix} \boldsymbol{B}_2 \\ \boldsymbol{B}'_2 \end{pmatrix}w \tag{6.52}$$

式中,$\Delta\boldsymbol{B}'_1 = \boldsymbol{B}'_1 - \overline{\boldsymbol{B}}'_1$。

可以计算自抗扰控制器的误差传递函数,即 Δy 关于 w 的传递函数:

$$G'_{W_1}(s) = \frac{\Delta Y(s)}{W(s)}$$

$$= (\boldsymbol{c} \quad \boldsymbol{0})\left\{ s\boldsymbol{I}_{2n+1} - \begin{pmatrix} \boldsymbol{A} - \boldsymbol{B}_1\boldsymbol{k} & \boldsymbol{B}_1\boldsymbol{k}' \\ \boldsymbol{JA} - \overline{\boldsymbol{A}}'\boldsymbol{J} - \Delta\boldsymbol{B}'_1\boldsymbol{k} & \overline{\boldsymbol{A}}' - \boldsymbol{H}'c' + \Delta\boldsymbol{B}'_1\boldsymbol{k}' \end{pmatrix} \right\}^{-1}\begin{pmatrix} \boldsymbol{B}_2 \\ \boldsymbol{B}'_2 \end{pmatrix} \tag{6.53}$$

定义 $G'_{W_1}(s) = \dfrac{N(s)}{\mid M(s) \mid}$。$\mid M(s) \mid$ 可以分别表示为

$$\boldsymbol{M}(s) = \begin{pmatrix} s\boldsymbol{I}_n - (\boldsymbol{A} - \boldsymbol{B}_1\boldsymbol{k}) & -\boldsymbol{B}_1\boldsymbol{k}' \\ \boldsymbol{d}'\Delta\boldsymbol{a} + \Delta\boldsymbol{B}'_1\boldsymbol{k} & s\boldsymbol{I}_{n+1} - (\overline{\boldsymbol{A}}' - \boldsymbol{H}'c' + \Delta\boldsymbol{B}'_1\boldsymbol{k}') \end{pmatrix} \tag{6.54}$$

式中,$\boldsymbol{d}' = (0 \quad \cdots \quad 0 \quad 1 \quad 0)^{\mathrm{T}}_{1\times(n+1)}$

$$\boldsymbol{M}_{11} = \begin{bmatrix} s & -1 & \cdots & 0 \\ \vdots & \ddots & \ddots & \vdots \\ 0 & \cdots & s & -1 \\ a_0 + b_0k_1 & a_1 + b_0k_2 & \cdots & s + a_{n-1} + b_0k_n \end{bmatrix}_{n\times n}$$

$$\boldsymbol{M}_{12} = \begin{bmatrix} 0 & \cdots & \cdots & \cdots & 0 \\ \vdots & & & & \vdots \\ 0 & \cdots & \cdots & \cdots & 0 \\ -b_0k_1 & -b_0k_2 & \cdots & -b_0k_n & -\dfrac{b_0}{\overline{b}_0} \end{bmatrix}_{n\times(n+1)}$$

$$\boldsymbol{M}_{21} = \begin{bmatrix} 0 & \cdots & \cdots & 0 \\ \vdots & & & \vdots \\ 0 & \cdots & \cdots & 0 \\ \Delta a_0 + \Delta b_0 k_1 & \Delta a_1 + \Delta b_0 k_2 & \cdots & \Delta a_{n-1} + \Delta b_0 k_n \\ 0 & \cdots & \cdots & 0 \end{bmatrix}_{(n+1)\times n}$$

$$\boldsymbol{M}_{22} = \begin{bmatrix} s+\beta_1 & -1 & \cdots & 0 & 0 \\ \beta_2 & \ddots & \ddots & \vdots & \vdots \\ \vdots & & s & -1 & 0 \\ \beta_n + \bar{a}_0 - \Delta b_0 k_1 & \bar{a}_1 - \Delta b_0 k_2 & \cdots & s + \bar{a}_{n-1} - \Delta b_0 k_n & -1 - \dfrac{\Delta b_0}{\bar{b}_0} \\ \beta_{n+1} & 0 & \cdots & 0 & s \end{bmatrix}_{(n+1)\times(n+1)}$$

计算 $|\boldsymbol{M}(s)|$,将 $|\boldsymbol{M}(s)|$ 在第 $2n$ 行拆分,$|\boldsymbol{M}(s)|$ 可表示为

$$|\boldsymbol{M}(s)| = |\boldsymbol{Ma}(s)| + |\boldsymbol{Mb}(s)| \tag{6.55}$$

式中,$|\boldsymbol{Ma}(s)| = \begin{vmatrix} \boldsymbol{M}_{11} & \boldsymbol{M}_{12} \\ \boldsymbol{0} & \boldsymbol{M}_{22} \end{vmatrix}$, $\quad |\boldsymbol{Mb}(s)| = \begin{vmatrix} \boldsymbol{M}_{11} & \boldsymbol{M}_{12} \\ \boldsymbol{M}_{21} & \boldsymbol{Mb}_{22} \end{vmatrix}$

$$\boldsymbol{Mb}_{22} = \begin{bmatrix} s+\beta_1 & -1 & \cdots & 0 & 0 \\ \beta_2 & \ddots & \ddots & \vdots & \vdots \\ \vdots & & s & -1 & 0 \\ 0 & 0 & \cdots & 0 & 0 \\ \beta_{n+1} & 0 & \cdots & 0 & s \end{bmatrix}_{(n+1)\times(n+1)}$$

交换行列式 $|\boldsymbol{Mb}(s)|$ 的第 n 行和第 $2n$ 行,可以得

$$|\boldsymbol{Mb}(s)| = |\boldsymbol{Mb}'(s)| = \begin{vmatrix} \boldsymbol{Mb}'_{11} & \boldsymbol{0} \\ * & \boldsymbol{Mb}'_{22} \end{vmatrix} \tag{6.56}$$

式中,

$$\boldsymbol{Mb}'_{11} = \begin{bmatrix} s & -1 & \cdots & 0 \\ \vdots & \ddots & \ddots & \vdots \\ 0 & \cdots & s & -1 \\ \Delta a_0 + \Delta b_0 k_1 & \Delta a_1 + \Delta b_0 k_2 & \cdots & \Delta a_{n-1} + \Delta b_0 k_n \end{bmatrix}_{n\times n}$$

$$\boldsymbol{Mb}'_{22} = \begin{bmatrix} s+\beta_1 & -1 & \cdots & 0 & 0 \\ \beta_2 & \ddots & \ddots & \vdots & \vdots \\ \vdots & & s & -1 & 0 \\ -b_0 k_1 & -b_0 k_2 & \cdots & -b_0 k_n & -\dfrac{b_0}{\bar{b}_0} \\ \beta_{n+1} & 0 & \cdots & 0 & s \end{bmatrix}_{(n+1)\times(n+1)}$$

可以得

$$|\boldsymbol{M}(s)| = |\boldsymbol{M}_{11}| \, |\boldsymbol{M}_{22}| + |\boldsymbol{Mb}'_{11}| \, |\boldsymbol{Mb}'_{22}|$$

$$|\boldsymbol{M}(s)| = |s\boldsymbol{I}_n - (\boldsymbol{A} - \boldsymbol{B}_1 k)| \, |s\boldsymbol{I}_{n+1} - (\overline{\boldsymbol{A}}' - \boldsymbol{H}'c' + \Delta\boldsymbol{B}'_1 k')| +$$

$$(|s\boldsymbol{I}_n - (\boldsymbol{A} - \boldsymbol{B}_1 k)| - |s\boldsymbol{I}_n - (\overline{\boldsymbol{A}} - \overline{\boldsymbol{B}}_1 k)|)$$

$$(|s\boldsymbol{I}_{n+1} - (\overline{\boldsymbol{A}}' - \boldsymbol{H}'c' - \boldsymbol{B}'_1 k')| - |s\boldsymbol{I}_{n+1} - (\overline{\boldsymbol{A}}' - \boldsymbol{H}'c')|) \qquad (6.57)$$

$$|\boldsymbol{M}(s)| = |s\boldsymbol{I}_n - (\overline{\boldsymbol{A}} - \overline{\boldsymbol{B}}_1 k)| \, |s\boldsymbol{I}_{n+1} - (\overline{\boldsymbol{A}}' - \boldsymbol{H}'c')| + \Delta_1 \qquad (6.58)$$

$N(s)$ 可以分别表示为

$$N(s) = (c \quad \boldsymbol{0}) \boldsymbol{M}^*(s) \binom{B_2}{B'_2} = M^*_{(1,n)}(s) + M^*_{(1,2n)}(s) \qquad (6.59)$$

式中，矩阵 $\boldsymbol{M}^*(s)$ 是矩阵 $\boldsymbol{M}(s)$ 的伴随矩阵，$M^*_{1,n}(s) = (-1)^{1+n} |\boldsymbol{M}_{n,1}(s)|$，$M^*_{2,n}(s) = (-1)^{1+2n} |\boldsymbol{M}_{2n,1}(s)|$，$\boldsymbol{M}_{n,1}(s)$ 和 $\boldsymbol{M}_{2n,1}(s)$ 是矩阵 $\boldsymbol{M}(s)$ 元素 $m_{1,n}$ 和 $m_{1,2n}$ 的余子式。

$$\boldsymbol{M}_{n,1}(s) = \begin{pmatrix} \boldsymbol{M}'_{11} & \boldsymbol{M}'_{12} \\ \boldsymbol{M}'_{21} & \boldsymbol{M}'_{22} \end{pmatrix}, \qquad \boldsymbol{M}_{2n,1}(s) = \begin{pmatrix} \boldsymbol{M}''_{11} & \boldsymbol{M}''_{12} \\ \boldsymbol{M}''_{21} & \boldsymbol{M}''_{22} \end{pmatrix} \qquad (6.60)$$

式中，$\boldsymbol{M}'_{12} = \boldsymbol{M}''_{12} = \boldsymbol{0}_{(n-1)\times(n+1)}$，$\boldsymbol{M}'_{22} = \boldsymbol{M}_{22}$

$$\boldsymbol{M}'_{11} = \boldsymbol{M}''_{11} = \begin{pmatrix} -1 & \cdots & \cdots & 0 \\ s & \ddots & & \vdots \\ \vdots & \ddots & \ddots & \vdots \\ 0 & \cdots & s & -1 \end{pmatrix}_{(n-1)\times(n-1)}$$

$$\boldsymbol{M}''_{22} = \begin{pmatrix} -b_0 k_1 & -b_0 k_2 & \cdots & -b_0 k_n & -\dfrac{b_0}{\bar{b}_0} \\ s + \beta_1 & -1 & 0 & \cdots & 0 \\ \beta_2 & \ddots & \ddots & \ddots & \vdots \\ \vdots & & s & -1 & 0 \\ \beta_{n+1} & 0 & \cdots & 0 & s \end{pmatrix}_{(n+1)\times(n+1)}$$

计算 $N(s)$，

$$|\boldsymbol{M}_{n,1}(s)| = (-1)^{n-1} \begin{vmatrix} s + \beta_1 & -1 & \cdots & 0 & 0 \\ \beta_2 & \ddots & \ddots & \vdots & \vdots \\ \vdots & & s & -1 & 0 \\ \beta_n + \bar{a}_0 - \Delta b_0 k_1 & \bar{a}_1 - \Delta b_0 k_2 & \cdots & s + \bar{a}_{n-1} - \Delta b_0 k_n & -1 - \dfrac{\Delta b_0}{\bar{b}_0} \\ \beta_{n+1} & 0 & \cdots & 0 & s \end{vmatrix}$$

$$(6.61)$$

$$|\boldsymbol{M}_{2n,1}(s)| = (-1)^{n-1} \begin{vmatrix} -b_0 k_1 & -b_0 k_2 & \cdots & -b_0 k_n & -\dfrac{b_0}{\overline{b}_0} \\ s+\beta_1 & -1 & 0 & \cdots & 0 \\ \beta_2 & \ddots & \ddots & \ddots & \vdots \\ \vdots & & s & -1 & 0 \\ \beta_{n+1} & 0 & \cdots & 0 & s \end{vmatrix}$$

$$= (-1)^{2n-2} \begin{vmatrix} s+\beta_1 & -1 & \cdots & 0 & 0 \\ \beta_2 & \ddots & \ddots & \vdots & \vdots \\ \vdots & & s & -1 & 0 \\ -b_0 k_1 & -b_0 k_2 & \cdots & -b_0 k_n & -b_0 \\ \beta_{n+1} & 0 & \cdots & 0 & s \end{vmatrix} \qquad (6.62)$$

则 $N(s)$ 的计算结果为

$$N(s) = (-1)^{n+1}|\boldsymbol{M}_{n,1}(s)| + (-1)^{2n+1}|\boldsymbol{M}_{2n,1}(s)| = |s\boldsymbol{I}_{n+1} - (\overline{\boldsymbol{A}}' - \boldsymbol{H}'c' - \overline{\boldsymbol{B}}'_1 k')| \qquad (6.63)$$

由公式(6.59)和(6.64)可以得到跟踪误差 Δy 关于系统扰动 w 的传递函数：

$$G'_{w_1}(s) = \frac{\Delta Y(s)}{W(s)} = \frac{|s\boldsymbol{I}_{n+1} - (\overline{\boldsymbol{A}}' - \boldsymbol{H}'c' - \overline{\boldsymbol{B}}'_1 k')|}{|s\boldsymbol{I}_n - (\overline{\boldsymbol{A}} - \overline{\boldsymbol{B}}_1 k)| \, |s\boldsymbol{I}_{sn+1} - (\overline{\boldsymbol{A}}' - \boldsymbol{H}'c')| + \Delta_1} \qquad (6.64)$$

特征根多项式为

$$\lambda(s) = |s\boldsymbol{I}_n - (\overline{\boldsymbol{A}} - \overline{\boldsymbol{B}}_1 k)| \, |s\boldsymbol{I}_{n+1} - (\overline{\boldsymbol{A}}' - \boldsymbol{H}'c')| + \Delta_1 \qquad (6.65)$$

$w = h + \Delta b_0 r - \Delta a x_M - \Delta b_0 k' z_M$，考虑到系统的参考输入信号 r，外部干扰 h（h 在这里与系统的误差状态无关），标称系统的状态 x_m 和 z_m，以及系统的不确定误差 Δa 和 Δb_0 均是有界的，所以对于误差状态方程的总扰动 w 是有界的。那么可以得到系统最终一致有界的充要条件为，特征方程 $\lambda(s)$ 的根均具有负实部。证毕。

本小节(6.3.2)对自抗扰控制稳定性的证明，并未在系统状态方程中用到系统的扩张状态的导数，也就不需要用到扩张状态导数有界这一条件，只需要系统的受到的扰动有界即可，而在对系统扰动的分析中，分为与系统状态相关的线性部分和不相关的纯外界扰动部分。对系统受到的与系统状态无关的纯外界扰动来说，假设其有界是符合客观实际的。本小节(6.3.2)中所得到的传递函数关系是下文(2.抗"内扰"能力分析)中灵敏度分析的基础。

6.3.3　自抗扰控制器性能

针对 ADRC 的控制性能，已有了一些研究成果。文献[127]对无系统阻尼和恢复力的先验知识二阶最小相位系统的线性自抗扰控制系统的频域特性进行了分析，通过特定参数控制器的幅频和相频特性曲线得出了控制器对控制对象的参数变化具有很强的鲁棒性的结论；袁东等详细分析了自抗扰控制系统对控制器参数 b_0 和系统阻尼的频域特性[128]；薛文超等针对双积分系统的一种基于降阶扩展状态观测器的自抗扰控制进行了频域分析[129]。

上述研究主要集中在自抗扰控制的稳定性理论分析和鲁棒性频域分析和仿真验证，少有对自抗扰控制系统抗干扰能力（抗"外扰"能力）和状态参数变化灵敏度（代表抗"内扰"能力）的深入研究。本小节（6.3.3）在上述推导得到的传递函数的基础上，拟证明 ADRC 对系统受到的"外扰"具有很好的抑制效果。同时对比分析 ADRC 和 SFC 关于系统模型不确定性的灵敏度，证明 ADRC 对系统模型不确定性（"内扰"）有很好的鲁棒性，进而表明 ADRC 具有很好的抗扰（广义扰动）能力，即容错鲁棒性。

为比较自抗扰控制的抗内外扰能力，引入状态反馈控制和带有状态观测器的状态反馈控制作为比较对象，定义自抗扰控制器为控制器 1。

对系统设计状态观测器（State Observer，SO）如下：

$$\dot{\hat{x}} = (\overline{A} - Hc)\hat{x} + \overline{B}_1 u + Hy \tag{6.66}$$

式中，$H = (\beta_1 \quad \beta_2 \quad \cdots \quad \beta_n)^T$。

对系统设计带有 SO 的 SFC 控制器（SOSFC，定义为控制器 2）进行极点配置如下：

$$u = r - k\hat{x} \tag{6.67}$$

假设系统为全状态反馈，对系统设计 SFC 控制器（定义为控制器 3）进行极点配置如下：

$$u = r - kx \tag{6.68}$$

SFC 和 SOSFC 的结构图如图 6-24 和图 6-25 所示。

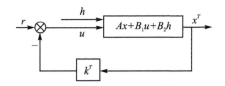

图 6-24　状态反馈控制器结构图

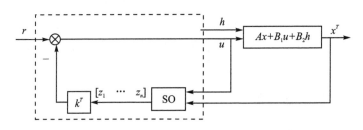

图 6-25　带有状态观测器的状态反馈控制器结构图

可以计算得到三种控制器下系统输出 y 关于跟踪指令 r 的传递函数：

$$\begin{cases} G_{R_1}(s) = \dfrac{Y(s)}{R(s)} = \dfrac{b_0 \left| s\boldsymbol{I}_{n+1} - (\overline{\boldsymbol{A}}' - \boldsymbol{H}'\boldsymbol{c}') \right|}{\left| s\boldsymbol{I}_n - (\overline{\boldsymbol{A}} - \overline{\boldsymbol{B}}_1 \boldsymbol{k}) \right| \left| s\boldsymbol{I}_{n+1} - (\overline{\boldsymbol{A}}' - \boldsymbol{H}'\boldsymbol{c}') \right| + \Delta_1} \\[4mm] G_{R_2}(s) = \dfrac{Y(s)}{R(s)} = \dfrac{b_0 \left| s\boldsymbol{I}_n - (\overline{\boldsymbol{A}} - \boldsymbol{H}\boldsymbol{c}) \right|}{\left| s\boldsymbol{I}_n - (\overline{\boldsymbol{A}} - \overline{\boldsymbol{B}}_1 \boldsymbol{k}) \right| \left| s\boldsymbol{I}_n - (\overline{\boldsymbol{A}} - \boldsymbol{H}\boldsymbol{c}) \right| + \Delta_2} \\[4mm] G_{R_3}(s) = \dfrac{Y(s)}{R(s)} = \dfrac{b_0}{\left| s\boldsymbol{I}_n - (\overline{\boldsymbol{A}} - \overline{\boldsymbol{B}}_1 \boldsymbol{k}) \right|} \end{cases} \quad (6.69)$$

式中，

$$\Delta_2 = \left| s\boldsymbol{I}_n - (\boldsymbol{A} - \boldsymbol{B}_1 \boldsymbol{k}) \right| \left| s\boldsymbol{I}_n - (\overline{\boldsymbol{A}} - \boldsymbol{H}\boldsymbol{c} - \overline{\boldsymbol{B}}_1 \boldsymbol{k}) \right| -$$
$$\left| s\boldsymbol{I}_n - (\overline{\boldsymbol{A}} - \overline{\boldsymbol{B}}_1 \boldsymbol{k}) \right| \left| s\boldsymbol{I}_n - (\overline{\boldsymbol{A}} - \boldsymbol{H}\boldsymbol{c} - \overline{\boldsymbol{B}}_1 \boldsymbol{k}) \right| \,。$$

比较标称情况下的上述三个传递函数，可得

$$G_{R_{M1}}(s) = G_{R_{M2}}(s) = G_{R_{M3}}(s) = \frac{Y_M(s)}{R(s)} = \frac{\overline{b}_0}{\left| s\boldsymbol{I}_n - (\overline{\boldsymbol{A}} - \overline{\boldsymbol{B}}_1 \boldsymbol{k}) \right|} \quad (6.70)$$

上述等式表明，在不考虑系统扰动和不确定性的情况下，即 $h=0$ 且系统状态方程的参数完全准确，上述三类控制器达到的控制效果相同，ADRC 和 SFC 是等价的。可以理解为当"自抗扰"中的"扰"不存在时，控制器的能力就是所设计的状态反馈控制器的能力。下面具体分析 ADRC 对系统"外扰"(h)和系统"内扰"($\Delta \boldsymbol{A}$ 和 $\Delta \boldsymbol{B}$)的鲁棒性。

1. 抗"外扰"能力分析

首先，考虑 ADRC 对"外扰"h 的抑制能力。可以计算得到三种控制器下系统输出 y 关于"外扰"h 的传递函数：

$$\begin{cases} G_{H_1}(s) = \dfrac{\left| s\boldsymbol{I}_{n+1} - (\overline{\boldsymbol{A}}' - \boldsymbol{H}'\boldsymbol{c}' - \overline{\boldsymbol{B}}'_1 \boldsymbol{k}') \right|}{\left| s\boldsymbol{I}_n - (\overline{\boldsymbol{A}} - \overline{\boldsymbol{B}}_1 \boldsymbol{k}) \right| \left| s\boldsymbol{I}_{sn+1} - (\overline{\boldsymbol{A}}' - \boldsymbol{H}'\boldsymbol{c}') \right| + \Delta_1} \\[4mm] G_{H_2}(s) = \dfrac{Y(s)}{H(s)} = \dfrac{\left| s\boldsymbol{I}_n - (\overline{\boldsymbol{A}} - \boldsymbol{H}\boldsymbol{c} - \overline{\boldsymbol{B}}_1 \boldsymbol{k}) \right|}{\left| s\boldsymbol{I}_n - (\overline{\boldsymbol{A}} - \overline{\boldsymbol{B}}_1 \boldsymbol{k}) \right| \left| s\boldsymbol{I}_n - (\overline{\boldsymbol{A}} - \boldsymbol{H}\boldsymbol{c}) \right| + \Delta_2} \\[4mm] G_{H_3}(s) = \dfrac{Y(s)}{H(s)} = \dfrac{1}{\left| s\boldsymbol{I}_n - (\overline{\boldsymbol{A}} - \overline{\boldsymbol{B}}_1 \boldsymbol{k}) \right|} \end{cases} \quad (6.71)$$

在比较系统对"外扰"的抑制能力时，对模型进行一定的简化，即在这里不考虑系统的"内扰"(Δa 和 Δb_0)，只考虑系统为受到"外扰"的标称模型。则三种控制器下系统输出 y 关于"外扰"h 的传递函数为

$$
\begin{cases}
G_{H_{M1}}(s) = G_{H_{M3}}(s) \dfrac{|s\boldsymbol{I}_{n+1} - (\overline{\boldsymbol{A}}' - \boldsymbol{H}'c' - \overline{\boldsymbol{B}}_1'k')|}{|s\boldsymbol{I}_n - (\overline{\boldsymbol{A}}' - \boldsymbol{H}'c')|} \\[4mm]
G_{H_{M2}}(s) = G_{H_{M3}}(s) \dfrac{|s\boldsymbol{I}_n - (\overline{\boldsymbol{A}} - \boldsymbol{H}c - \overline{\boldsymbol{B}}_1 k)|}{|s\boldsymbol{I}_{sn+1} - (\overline{\boldsymbol{A}} - \boldsymbol{H}c)|} \\[4mm]
G_{H_{M3}}(s) = \dfrac{1}{|s\boldsymbol{I}_n - (\overline{\boldsymbol{A}} - \overline{\boldsymbol{B}}_1 k)|}
\end{cases}
\tag{6.72}
$$

通过 $G_{H_{M1}}(s)$，$G_{H_{M2}}(s)$，$G_{H_{M3}}(s)$ 比较这三种控制系统对"外扰"的抑制效果。首先比较 $G_{H_{M2}}(s)$ 和 $G_{H_{M3}}(s)$，由于观测器参数一般相对于控制器参数要大，所以 $G_{H_{M2}}(s) \approx G_{H_{M3}}(s)$，即控制器 2 与控制器 3 的对"外扰"的抑制效果基本相同，这说明一般意义上的状态观测器对系统的抗"外扰"能力没有提升和优化的作用，其功能作为状态观测器仅仅是观测的基本功能而已。

比较 $G_{H_{M1}}(s)$ 和 $G_{H_{M3}}(s)$ 可以近似认为：

$$
G_{H_{M1}}(s) \approx G_{H_{M3}}(s) G_{hp}(s) \tag{6.73}
$$

式中，$G_{hp}(s) = \left(1 - \dfrac{\beta_{n+1}}{|s\boldsymbol{I}_{n+1} - (\overline{\boldsymbol{A}}' - \boldsymbol{H}'c')|}\right)$。

由于 $\dfrac{\beta_{n+1}}{|s\boldsymbol{I}_{n+1} - (\overline{\boldsymbol{A}}' - \boldsymbol{H}'c')|}$ 是一个低通滤波器，则 $G_{hp}(s)$ 为高通滤波器（低阻滤波器）。$G_{H_{M1}}(s)$ 相比于 $G_{H_{M3}}(s)$ 多了一个低阻滤波环节，这会使在低频段（观测器带宽以下）$G_{H_{M1}}(s)$ 具有更好的滤波效果，即 ADRC 能够有效抑制系统受到的"外扰"中的低频段的部分。

以二阶系统为例，按照文献[111]提出的基于频域带宽的参数整定方法，取 $\overline{a}_0 = 0$，$\overline{a}_1 = 0$，$\overline{b}_0 = 1$，$k_1 = \omega_c^2$，$k_2 = 2\omega_c$，$\beta_1 = 3m\omega_c$，$\beta_2 = 3m^2\omega_c^2$，$\beta_3 = m^3\omega_c^3$，$m = 5$。对 SOSFC，取 $\beta_1 = 2m\omega_c$，$\beta_2 = m^2\omega_c^2$。接着，取 $\omega_c = 1$。控制器 1，2，3 的传递函数 $G_{H_{M1}}(s)$，$G_{H_{M2}}(s)$，$G_{H_{M3}}(s)$ 的幅值特性曲线如图 6-26 所示。可以明显的看到控制器 1 的抗"外扰"能力明显强于控制器 2 和控制器 3。

从图 6-26 中可以看到，在低频段，$G_{H_{M1}}(s)$ 的幅值曲线明显小于 $G_{H_{M2}}(s)$ 和 $G_{H_{M3}}(s)$。$G_{H_{M1}}(s)$ 具有更好的滤波效果，自抗扰控制器（控制器 1）的抗干扰能力强于控制器 2 和控制器 3。自抗扰控制对被控对象的外界扰动具有很强的抑制效果。

2. 抗"内扰"能力分析

系统自身普遍存在参数摄动（"内扰"）。灵敏度分析是一种可以定量分析系统各参数变化对系统特性影响程度大小的有效方法[130-131]。为此，本小节进行控制器 1，2，3 对系统"内扰"的灵敏度分析。分别对这三类控制器计算其对"内扰"的灵敏度。

系统模型（6.33）关于系统控制输入 u 的传递函数为

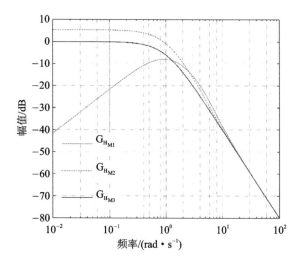

图 6 - 26　控制系统关于 h 的传递函数的幅值特性曲线

$$G_r(s) = \frac{Y(s)}{U(s)} = \frac{b_0}{|sI_n - A|} \tag{6.74}$$

定义控制系统对系统"内扰" $\Delta G_r(s)$ 的参数灵敏度函数为

$$S_{G_R} = \lim_{A \to \overline{A}, B_1 \to \overline{B}_1} \frac{\dfrac{\Delta G_R(s)}{G_R(s)_{A=\overline{A}, B_1=\overline{B}_1}}}{\dfrac{\Delta G_r(s)}{G_r(s)_{A=\overline{A}, B_1=\overline{B}_1}}} \tag{6.75}$$

对控制器 1，2，3 分别计算其灵敏度表示如下：

$$\begin{cases} S_{G_{R_1}} = S_{G_{R_3}} \dfrac{|sI_{n+1} - (\overline{A}' - H'c' - \overline{B}'k')|}{|sI_{n+1} - (\overline{A}' - H'c')|} \\[3mm] S_{G_{R_2}} = S_{G_{R_3}} \dfrac{|sI_n - (\overline{A} - Hc - \overline{B}_1 k)|}{|sI_n - (\overline{A} - Hc)|} \\[3mm] S_{G_{R_3}} = \dfrac{|sI_n - A|}{|sI_n - (A - Bk)|} \end{cases} \tag{6.76}$$

　　在得到控制系统关于 $\Delta G_r(s)$ 的灵敏度后，进行如下分析。通过 $S_{G_{R_1}}$、$S_{G_{R_2}}$、$S_{G_{R_3}}$ 比较控制系统关于 $\Delta G_r(s)$ 的灵敏度。比较 $S_{G_{R_3}}$ 和 $S_{G_{R_2}}$，由于观测器参数一般相对于控制器参数要大，所以 $S_{G_{R_2}} \approx S_{G_{R_3}}$，即控制器 2 与控制器 3 的灵敏度基本相同。

　　比较 $S_{G_{R_3}}$ 与 $S_{G_{R_1}}$，可以近似认为：

$$S_{G_{R_1}} \approx S_{G_{R_3}} G_{hp}(s) \tag{6.77}$$

$S_{G_{R_1}}$ 为 $S_{G_{R_3}}$ 高通滤波后的输出，这会使在低频段（观测器带宽以下），$S_{G_{R_1}}$ 具

有更好的滤波效果。ADRC 对系统"内扰"具有更好的鲁棒性。

以二阶系统为例,按照文献[111]提出的基于频域带宽的参数整定方法。控制系统关于 $\Delta G_r(s)$ 的灵敏度幅值特性曲线如图 6-27 所示。

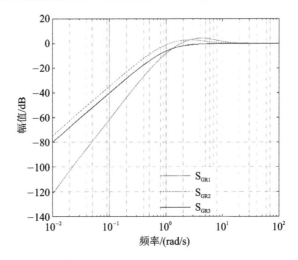

图 6-27　控制系统关于 $\Delta Gr(s)$ 的灵敏度幅值特性曲线

从图 6-27 中,可以看到控制系统 2 与控制系统 3 的灵敏度基本相同,即 SO 对控制系统性能的影响很小。在控制系统频域范围内,控制器 1 的灵敏度明显小于控制器 2 和控制器 3 的灵敏度(对于同样的系统"内扰" $\Delta G_r(s)$,产生的控制系统的增量输出 $\Delta G_R(s)$ 低频分量更小),即控制器 1(自抗扰控制器)相比于控制器 2 和控制器 3 对系统"内扰" Δa 和 Δb_0 具有更好的鲁棒性,对被控对象的模型依赖小,对系统控制增益变化 Δb_0 不敏感。

6.4　高超声速飞行器分数阶自抗扰容错控制

6.4.1　高超声速飞行器分数阶自抗扰控制器设计

经典的自抗扰控制器由跟踪微分器 TD、状态反馈控制器(SFC)或 PID 控制器和扩张状态观测器 ESO 三部分组成。高超声速飞行器三通道自抗扰姿态控制结构示意图如图 6-28 所示。

其中,期望角度 $r*$ 是输入信号, y 是输出信号。虚线框中的部分是控制器。 $\bar{b}_0$ 是估计的高超声速飞行器控制增益。 z_1 , z_2 和 z_3 是通过扩张观测器估计得出的高超声速飞行器被控角度、被控角度的导数和"未知扰动"。 u_0 是期望控制变量, u 是实际控制变量。本书对高超声速飞行器俯仰、偏航和滚转三通道分别设计扩张状态

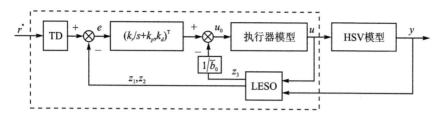

图 6-28　高超声速飞行器自抗扰控制器结构图

观测器,应用于高超声速飞行器中的扩张状态观测器可以被表示为如下的三阶系统[132]:

$$
\begin{cases}
e_1 = z_1 - y \\
\dot{z}_1 = z_2 - \beta_1 \mathrm{fal}(e_1, \chi_1, \delta) \\
\dot{z}_2 = z_3 - a_1 z_1 - a_0 z_2 + b_0 u - \beta_2 \mathrm{fal}(e_1, \chi_2, \delta) \\
\dot{z}_3 = -\beta_3 \mathrm{fal}(e_1, \chi_3, \delta)
\end{cases}
\tag{6.78}
$$

其中,β_1,β_2,β_3 和线性化区间参数 δ 均是可调参数。参数的选取按照 6.3.1 中提出的参数优化方法进行。

与传统的自抗扰控制方法相比,分数阶自抗扰控制方法将自抗扰控制方法中的 PID 控制器推广到了分数阶领域,使用分数阶 $\mathrm{PI}^\lambda \mathrm{D}^\mu$ 控制器($\mathrm{FOPI}^\lambda \mathrm{D}^\mu$),而不是整数阶的 PID 控制器。基于分数阶自抗扰控制的高超声速飞行器单通道姿态控制结构框图如图 6-29 所示。

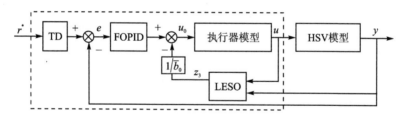

图 6-29　高超声速飞行器分数阶自抗扰控制器结构图

在图 6-29 中,微分跟踪器、分数阶 $\mathrm{PI}^\lambda \mathrm{D}^\mu$ 控制器和扩张状态观测器构成了整体控制器部分(虚线框中部分)。

$\mathrm{FOPI}^\lambda \mathrm{D}^\mu$ 的幅值特性曲线在转折频率处会有所降低,这影响了系统的中频段特性。因此为提高系统的中频段动态特性,同时也为了简化参数优化过程中的推导,本书设计的分数阶 $\mathrm{PI}^\lambda \mathrm{D}^\mu$ 控制器由下式计算得

$$
G_c(s) = K_p \left(1 + \frac{K_i}{K_p} s^{-\lambda} \right) \left(1 + \frac{K_d}{K_p} s^\mu \right)
\tag{6.79}
$$

其中,$0 < \lambda < 2$,$0 < \mu < 2$。分数阶 $\mathrm{PI}^\lambda \mathrm{D}^\mu$ 控制器的结构图如图 6-30 所示。

图 6-30 中,用分数阶 PD^μ 环节和分数阶 PI 环节串联起来构成了分数阶 $\mathrm{PI}^\lambda \mathrm{D}^\mu$

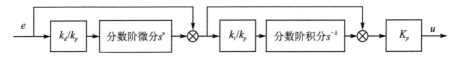

图 6-30　分数阶 $PI^λD^μ$ 控制器的结构图

控制器。

综上，微分跟踪器、分数阶 $PI^λD^μ$ 控制器和线性扩张状态观测器的设计均已完成。

6.4.2　高超声速飞行器分数阶自抗扰控制器性能

线性扩张状态观测器可以写成状态空间的形式如下：

$$\dot{z}=(\boldsymbol{A}_e-\boldsymbol{L}_0\boldsymbol{C}_e)z(t)+\boldsymbol{B}_eu(t)+\boldsymbol{L}_0y(t) \tag{6.80}$$

其中，$\boldsymbol{A}_e=\begin{bmatrix} 0 & 1 & 0 \\ -\bar{a}_1 & -\bar{a}_0 & 0 \\ 0 & 0 & 0 \end{bmatrix}$，$\boldsymbol{B}_e=\begin{bmatrix} 0 & \bar{b}_0 & 0 \end{bmatrix}^T$，$\boldsymbol{C}_e=\begin{bmatrix} 1 & 0 & 0 \end{bmatrix}$，$\boldsymbol{L}_0=\begin{bmatrix} \beta_1 & \beta_2 & \beta_3 \end{bmatrix}^T$。

对公式(6.81)进行拉普拉斯变化，可以得

$$Z_3(s)=G_{ZU}(s)U(s)+G_{ZY}(s)Y(s) \tag{6.81}$$

其中，$G_{ZU}(s)=-\dfrac{\bar{b}_0\omega_c^3}{(s+\omega_c)^3}$，$G_{ZY}(s)=\dfrac{\omega_c^3(s^2+\bar{a}_0s+\bar{a}_1)}{(s+\omega_c)^3}$。

考虑执行器模型的二阶系统的分数阶自抗扰控制器结构图如图 6-31 所示。

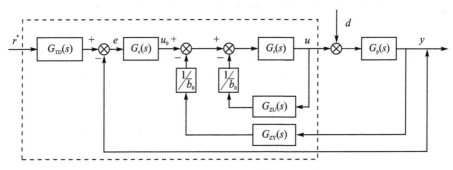

图 6-31　分数阶自抗扰控制系统结构图

从图 6-31 可以得到系统输出 $Y(s)$ 关于跟踪指令 $R(s)$ 和外界扰动 $D(s)$ 的传递函数：

$$\frac{Y(s)}{R(s)}=\frac{G_c(s)G_r(s)G_p(s)G_{TD}(s)}{1+G_c(s)G_r(s)G_p(s)+G_r(s)\dfrac{1}{\bar{b}_0}(G_{ZU}(s)+G_{ZY}(s)G_p(s))} \tag{6.82}$$

$$\frac{Y(s)}{D(s)} = \frac{G_p(s)G_{lc}(s)}{1 + G_c(s)G_r(s)G_p(s) + G_r(s)\dfrac{1}{\bar{b}_0}(G_{ZU}(s) + G_{ZY}(s)G_p(s))}$$

$$(6.83)$$

其中 $G_p(s) = \dfrac{b_0}{s^2 + a_0 s + a_1}$，$G_{TD}(s) = \dfrac{r^2}{(s+r)^2}$，$G_{lc}(s) = 1 - \dfrac{1}{\bar{b}_0}G_{ZU}(s)G_r(s)$，

$G_r(s)$ 是执行器模型。从公式(6.83)和公式(6.84)可以看出，当且仅当闭环系统传递函数(6.83)和(6.84)的所有极点均位于复平面的左侧时，闭环控制系统是稳定的。

由于 $\dfrac{1}{\bar{b}_0}G_{ZU}(s)$ 和 $G_r(s)$ 都是低通滤波器，因此，$G_{lc}(s)$ 是一种低阻滤波器，这使得分数阶自抗扰控制具有较强的抗干扰能力和较强的鲁棒性。可以看出，观测器和执行器的带宽值越大，分数阶自抗扰的抗干扰能力越强。此外值得注意的是，由于执行器的带宽是固定的，当观测器的带宽值大于执行器的带宽值时，再继续增大观测器的带宽，抗扰能力提升是有限的，可以认为观测器的带宽受执行器带宽的限制。

6.4.3　高超声速飞行器分数阶自抗扰控制器参数优化

分数阶自抗扰控制方法作为一种混合控制方法，其较多的控制参数给控制系统的设计带来了巨大的难度。想要获得优异的控制性能，对分数阶自抗扰控制参数优化问题进行深入研究是十分必要的。分数阶 $PI^\lambda D^\mu$ 参数整定方法主要分为频域分析法和优化算法，如随机搜索方法、粒子群算法、神经网络、遗传算法等方法，自抗扰控制器参数整定方法主要为经验法和频域分析法。目前国内外针对分数阶自抗扰控制参数优化方法的研究很少，少有的几项研究也是基于智能优化算法。但现阶段对飞行控制系统的稳定性和性能分析主要基于频域分析的方法，通过频域分析法对分数阶自抗扰控制方法进行参数整定更符合工程应用的实际。因此，本章采用基于频域分析的方法对分数阶自抗扰控制参数进行优化设计。

本书针对分数阶自抗扰控制，分别研究了分数阶 $PI^\lambda D^\mu$ 控制器、扩张状态观测器和微分跟踪器的参数优化。首先，研究分数阶 $PI^\lambda D^\mu$ 控制器的参数优化问题。分数阶 $PI^\lambda D^\mu$ 控制闭环系统结构图如图 6-32 所示。

图 6-32　FOPID 闭环控制系统结构图

图 6-32 中，G_c 为分数阶 $PI^\lambda D^\mu$ 控制器模型；G_r 为执行器模型；G_p 为被控对象模型。分数阶 $PI^\lambda D^\mu$ 控制器有五个控制参数，分别为 k_p，k_i，k_d，λ 和 μ，因此完成参数优化需要五个约束条件。本书考虑的约束条件为

① 开环传递函数在截止频率处的幅值
② 开环传递函数在截止频率处的相角
③ 开环传递函数在截止频率处的相角的导数
④ 开环传递函数在相角穿越频率处的幅值
⑤ 开环传递函数在相角穿越频率处的相角

开环截止频率处的幅值和相角约束表示相位裕度。相角穿越频率处的幅值和相角约束表示幅值裕度。相位角在开环截止频率处的导数代表了分数阶 $PI^\lambda D^\mu$ 闭环控制系统的鲁棒性。

开环截止频率处的幅值和相角约束方程为

$$\begin{cases} |G_c(j\omega_c)G_r(j\omega_c)G_p(j\omega_c)| = 0 \text{ dB} \\ \arg(G_c(j\omega_c)G_r(j\omega_c)G_p(j\omega_c)) = \pi + \varphi_m \end{cases} \tag{6.84}$$

式中，ω_c 是期望的截止频率，φ_m 是期望的相角裕度。

截止频率处相位角导数约束方程为

$$\frac{\mathrm{d} \arg(G_c(j\omega_c)G_r(j\omega_c)G_p(j\omega_c))}{\mathrm{d}w} = 0 \tag{6.85}$$

开环相角穿越频率处的幅值和相角约束方程为

$$\begin{cases} |G_c(j\omega_p)G_r(j\omega_p)G_p(j\omega_p)| = A_m \text{ dB} \\ \arg(G_c(j\omega_p)G_r(j\omega_p)G_p(j\omega_p)) = -\pi \end{cases} \tag{6.86}$$

式中，ω_p 为期望的相角穿越频率，A_m 是期望的幅值裕度。

接下来，分别计算各模块传递函数的幅值、相角与相角的导数。把 $s = j\omega$ 带入公式（6.79）得

$$G_c(j\omega) = K_p\left(1 + \frac{K_i}{K_p}(j\omega)^{-\lambda}\right)\left(1 + \frac{K_d}{K_p}(j\omega)^\mu\right) \tag{6.87}$$

利用欧拉公式，可以得

$$j^a = [j^2]^{\frac{a}{2}} = [|j^2|e^{j\pi}]^{\frac{a}{2}} = e^{j\frac{a\pi}{2}} = \cos\frac{a\pi}{2} + j\sin\frac{a\pi}{2} \tag{6.88}$$

把公式（6.88）带入公式（6.87）得

$$G_c(j\omega) = K_p\left(1 + \frac{K_i}{K_p}\omega^{-\lambda}\cos\frac{\lambda\pi}{2} - j\frac{K_i}{K_p}\omega^{-\lambda}\sin\frac{\lambda\pi}{2}\right) \cdot$$

$$\left(1 + \frac{K_d}{K_p}\omega^\mu\cos\frac{\mu\pi}{2} + j\frac{K_d}{K_p}\omega^\mu\sin\frac{\mu\pi}{2}\right) \tag{6.89}$$

最后可以得到分数阶 $PI^\lambda D^\mu$ 控制器的幅值函数和相角函数如下：

$$|G_c(j\omega)| = K_p\left|1 + \frac{K_i}{K_p}s^{-\lambda}\right|\left|1 + \frac{K_d}{K_p}s^\mu\right| \tag{6.90}$$

$$\arg[G_c(j\omega)] = \arctan\left(\frac{-K_i\omega^{-\lambda}\sin\frac{\lambda\pi}{2}}{K_p + K_i\omega^{-\lambda}\cos\frac{\lambda\pi}{2}}\right) + \arctan\left(\frac{K_d\omega^\mu\sin\frac{\mu\pi}{2}}{K_p + K_d\omega^\mu\cos\frac{\mu\pi}{2}}\right)$$

$$\tag{6.91}$$

式中，

$$\left| 1 + \frac{K_d}{K_p} s^\mu \right| = \frac{1}{K_p} \sqrt{\left(K_p + K_d \omega^\mu \cos \frac{\mu\pi}{2} \right)^2 + \left(K_d \omega^\mu \sin \frac{\mu\pi}{2} \right)^2}$$

$$\left| 1 + \frac{K_i}{K_p} s^{-\lambda} \right| = \frac{1}{K_p} \sqrt{\left(K_p + K_i \omega^{-\lambda} \cos \frac{\lambda\pi}{2} \right)^2 + \left(K_i \omega^{-\lambda} \sin \frac{\lambda\pi}{2} \right)^2}$$

分数阶 $\mathrm{PI}^\lambda \mathrm{D}^\mu$ 控制器相角函数的导数可计算为

$$\frac{\mathrm{d}}{\mathrm{d}\omega} \left(\arg(G_c(\mathrm{j}\omega)) \right) = \frac{\mathrm{d}}{\mathrm{d}\omega} \left(\arg\left(1 + \frac{K_i}{K_p} s^{-\lambda} \right) \right) + \frac{\mathrm{d}}{\mathrm{d}\omega} \left(\arg\left(1 + \frac{K_d}{K_p} s^\mu \right) \right)$$

$$(6.92)$$

$$\frac{\mathrm{d}}{\mathrm{d}\omega} \left(\arg[G_c(\mathrm{j}\omega)] \right) = \frac{1}{\left| 1 + \frac{K_i}{K_p} s^{-\lambda} \right|^2} \left(\frac{K_i}{K_p} \lambda \omega^{-\lambda-1} \sin \frac{\lambda\pi}{2} \right) +$$

$$\frac{1}{\left| 1 + \frac{K_d}{K_p} s^\mu \right|^2} \left(\frac{K_d}{K_p} \mu \omega^{\mu-1} \sin \frac{\mu\pi}{2} \right) \qquad (6.93)$$

被控对象模型传递函数 $G_p(s)$ 为

$$G_p(s) = \frac{\bar{b}_0}{s^2 + \bar{a}_0 s + \bar{a}_1} \qquad (6.94)$$

式中，$\bar{a}_0, \bar{a}_1, \bar{b}_0$ 为系统标称模型参数。

被控对象 $G_p(s)$ 的幅值函数和相角函数为

$$|G_p(\mathrm{j}\omega)| = \frac{|\bar{b}_0|}{\sqrt{(\omega^2 - \bar{a}_1)^2 + (\bar{a}_0\omega)^2}}, \quad \arg(G_p(\mathrm{j}\omega)) = \arctan\left(\frac{-\bar{a}_0\omega}{-\omega^2 + \bar{a}_1} \right)$$

$$(6.95)$$

被控对象 $G_p(s)$ 相角函数的导数为

$$\frac{\mathrm{d}}{\mathrm{d}\omega} \left(\arg[G_p(\mathrm{j}\omega)] \right) = \frac{-a_0 a_1 - a_0 \omega^2}{(-\omega^2 + a_1)^2 + (a_0\omega)^2} \qquad (6.96)$$

执行器模型首先考虑气动舵模型，本书用二阶系统模型表述气动舵，模型传递函数 $G_r(s)$ 为

$$G_r(s) = \frac{\omega_n^2}{s^2 + 2\xi\omega_n s + \omega_n^2} \qquad (6.97)$$

气动舵模型参数取 $\xi = 1, \omega_n = 125.6 \ \mathrm{rad}$。执行器模型 $G_r(s)$ 的幅值函数和相角函数为

$$|G_r(\mathrm{j}\omega)| = \frac{|\omega_n^2|}{\sqrt{(\omega^2 - \omega_n^2)^2 + (2\xi\omega_n\omega)^2}}, \quad \arg(G_r(\mathrm{j}\omega)) = \arctan\left(\frac{-2\xi\omega_n\omega}{-\omega^2 + \omega_n^2} \right)$$

$$(6.98)$$

执行器模型 $G_r(s)$ 相角函数的导数为

$$\frac{\mathrm{d}}{\mathrm{d}\omega}(\arg[G_r(\mathrm{j}\omega)]) = \frac{-2\xi\omega_n^3 - 2\xi\omega_n\omega^2}{(-\omega^2 + \omega_n^2)^2 + (2\xi\omega_n\omega)^2} \tag{6.99}$$

最后列出五个约束方程如下：

$$\begin{cases} |G_c(\mathrm{j}\omega_c)| \, |G_r(\mathrm{j}\omega_c)| \, |G_p(\mathrm{j}\omega_c)| = 1 \\ \arg(G_c(\mathrm{j}\omega_c)) + \arg(G_r(\mathrm{j}\omega_c)) + \arg(G_p(\mathrm{j}\omega_c)) = \pi + \varphi_m \\ |G_c(\mathrm{j}\omega_p)| \, |G_r(\mathrm{j}\omega_p)| \, |G_p(\mathrm{j}\omega_p)| = A_m \\ \arg(G_c(\mathrm{j}\omega_p)) + \arg(G_r(\mathrm{j}\omega_p)) + \arg(G_p(\mathrm{j}\omega_p)) = -\pi \\ \dfrac{\mathrm{d}}{\mathrm{d}\omega}(\arg[G_c(\mathrm{j}\omega)]) + \dfrac{\mathrm{d}}{\mathrm{d}\omega}(\arg[G_r(\mathrm{j}\omega)]) + \dfrac{\mathrm{d}}{\mathrm{d}\omega}(\arg[G_p(\mathrm{j}\omega)]) = 0 \end{cases}$$

$$\tag{6.100}$$

由于非线性方程组（6.100）求解难度很大，因此本书使用 matlab 优化工具箱的非线性优化函数 fmincon 来求解控制参数 k_p，k_i，k_d，λ 和 μ。将截止频率处的相角导数作为目标函数，截止频率和相角裕度作为非线性等式约束条件，相角穿越频率和幅值裕度作为非线性不等式约束条件。目标函数是

$$J = \left(\frac{\mathrm{d}}{\mathrm{d}\omega}(\arg[G_c(\mathrm{j}\omega)]) + \frac{\mathrm{d}}{\mathrm{d}\omega}(\arg[G_p(\mathrm{j}\omega)])\right)^2 \tag{6.101}$$

非线性等式约束条件为

$$\begin{cases} |G_c(\mathrm{j}\omega_c)| \, |G_r(\mathrm{j}\omega_c)| \, |G_p(\mathrm{j}\omega_c)| = 1 \\ \arg(G_c(\mathrm{j}\omega_c)) + \arg(G_r(\mathrm{j}\omega_c)) + \arg(G_p(\mathrm{j}\omega_c)) = \pi + \varphi_m \\ \arg(G_c(\mathrm{j}\omega_p)) + \arg(G_r(\mathrm{j}\omega_p)) + \arg(G_p(\mathrm{j}\omega_p)) = -\pi \end{cases} \tag{6.102}$$

非线性不等式约束条件为

$$\begin{cases} \omega_p < \omega_{pr} \\ |G_c(\mathrm{j}\omega_p)| \, |G_r(\mathrm{j}\omega_p)| \, |G_p(\mathrm{j}\omega_p)| - A_m > 0 \end{cases} \tag{6.103}$$

其中，ω_p 是实际的相角穿越频率。ω_{pr} 是设定的相角穿越频率允许达到的最大值，A_m 是可接受的幅值裕度最小值。

k_p 的值主要由截止频率 ω_c 确定。k_d 和 μ 的值主要由相角裕度和截止频率处的相角的导数确定。k_i 和 λ 的值主要由相角穿越频率和幅值裕度确定。特别地，对于偏航通道，参数 k_i 和 λ 设置为零。非线性等式约束条件为相角裕度和开环截止频率。然后可以得到俯仰通道，偏航通道和滚转通道的参数。

接下来进行微分跟踪器的参数优化，二阶微分跟踪器连续形式可以表示为

$$\begin{cases} \dot{\alpha}_1 = \alpha_2 \\ \dot{\alpha}_2 = -r_{td}^2\alpha_1 - 2r_{td}\alpha_2 + r_{td}^2\alpha^* \end{cases} \tag{6.104}$$

可以得

$$\alpha_1 = \frac{r_{td}^2}{(s + r_{td})^2}\alpha^* \tag{6.105}$$

式中,r_{td} 值可以指分数阶 $\text{PI}^\lambda\text{D}^\mu$ 控制开环传递函数或分数阶 $\text{PI}^\lambda\text{D}^\mu$ 控制闭环传递函数的截止频率。特别地,当分数阶 $\text{PI}^\lambda\text{D}^\mu$ 控制开环传递函数的相角裕度 φ_m 为 60°时,分数阶 $\text{PI}^\lambda\text{D}^\mu$ 控制开环传递函数的截止频率等于分数阶 $\text{PI}^\lambda\text{D}^\mu$ 控制闭环传递函数的截止频率。因此,在本书中,取 φ_m 为 60°,r_{td} 的取值为分数阶 $\text{PI}^\lambda\text{D}^\mu$ 控制开环传递函数的截止频率。

最后,考虑扩张状态观测器的参数优化。实际上,可以分别调整分数阶 $\text{PI}^\lambda\text{D}^\mu$ 控制器参数和扩张状态观测器参数。扩张状态观测器参数可以基于分数阶 $\text{PI}^\lambda\text{D}^\mu$ 闭环控制系统的截止频率来调整。扩张状态观测器参数 β 可以按如下规则选取:

$$\beta_1 = 3(\text{m}\omega_c) - \bar{a}_0, \quad \beta_2 = 3(\text{m}\omega_c)^2 - \bar{a}_1 - \bar{a}_0\beta_1, \quad \beta_3 = (\text{m}\omega_c)^3 \qquad (6.106)$$

式中,m 是一个常值。

综上,微分跟踪器、分数阶 $\text{PI}^\lambda\text{D}^\mu$ 控制器和扩张观测器的参数优化均已完成。

6.5　高超声速飞行器 RCS 系统容错控制仿真

6.5.1　无 RCS 系统故障条件下控制系统仿真

首先,测试高超声速飞行器分数阶自抗扰控制器在无执行器故障条件下的控制性能,进行标准工况下控制系统仿真和有初始状态偏差工况下控制系统仿真。标准工况下的控制系统仿真,对比分析 FOPID、ADRC 和 FOADRC 控制器的性能。有初始状态偏差工况下的控制系统仿真,对比分析扩张状态观测器分别为 LESO 和 NESO 条件下 FOADRC 控制器的性能。

假设飞行器初始状态为

$$x = z = 0, \quad h = 33.5 \text{ km}, \quad V = 15 \, Ma, \quad \theta = \psi_c = 0,$$
$$\omega_x = \omega_y = \omega_z = 0, \quad \alpha = 0°, \quad \beta = 0°, \quad \gamma_c = 0°$$
$$T_{rx} = T_{ry} = T_{rz} = 0, \quad l_{Tr} = m_{Tr} = n_{Tr} = 0, \quad \delta_a = \delta_e = \delta_r = 0$$

期望的攻角和速度滚转角信号是幅度为 5°的连续方波信号,期望侧滑角为零。选取 FOPID 和 ADRC 控制方法作为对照组,高超声速飞行器的 FOPID、ADRC 和 FOADRC 控制系统仿真结果如图 6-33~图 6-37 所示。

高超声速飞行器在 FOPID、ADRC、FOADRC 控制方法下的闭环系统性能参数如表 6-4 所列。

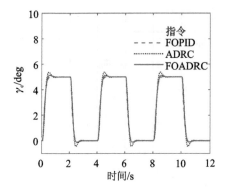

图 6-33　标准工况速度滚转角响应曲线

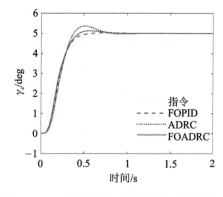

图 6-34　速度滚转角响应曲线（局部放大）

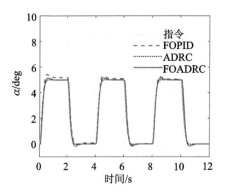

图 6-35　标准工况攻角响应曲线

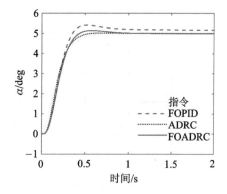

图 6-36　攻角响应曲线（局部放大）

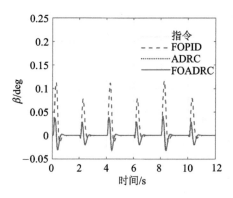

图 6-37　标准工况侧滑角响应曲线

表 6 - 4　不同控制器下闭环系统性能参数

性能参数	FOPID	ADRC	FOADRC
速度滚转角调节时间（5％误差带）	0.40 s	0.62 s	0.38 s
速度滚转角超调量	0.64％	7.46％	2.58％
攻角调节时间（5％误差带）	0.81 s	0.40 s	0.37 s
攻角超调量	8.34％	0.44％	2.76％
最大侧滑角	0.12°	0.04°	0.04°

从图 6 - 33～图 6 - 37 和表 6 - 4。可以看到,在速度滚转角的控制上,ADRC 控制器相比于 FOPID 和 FOADRC 控制器有更长的调节时间和更大的超调量。在攻角的控制上,FOPID 控制器相比于 ADRC 和 FOADRC 控制器有更长的调节时间和更大的超调量,FOPID 控制器在攻角的控制上也存在较大的静差。由于 ADRC 的抗扰能力,ADRC 和 FOADRC 闭环控制系统能够有效地降低系统外界扰动带来的系统静差,在攻角的控制上,ADRC 和 FOADRC 控制器基本无静差。在侧滑角控制上,FOPID 控制器最大侧滑角相比 ADRC 和 FOADRC 控制器也相对较大。整体来看,在标准工况下,FOPID 控制器在攻角和侧滑角的控制上性能相对较差,ADRC 在速度滚转角的控制上性能相对较差,FOADRC 控制器性能相对较好。

接下来进行有初始状态偏差条件下控制系统仿真,假设飞行器初始状态为

$$x = z = 0,\quad h = 33.5 \text{ km},\quad V = 15 \, Ma,\quad \theta = \psi_c = 0,$$
$$\omega_x = \omega_y = \omega_z = 0,\quad \alpha = 1°,\quad \beta = 1°,\quad \gamma_c = 3°$$
$$T_{rx} = T_{ry} = T_{rz} = 0,\quad l_{Tr} = m_{Tr} = n_{Tr} = 0,\quad \delta_a = \delta_e = \delta_r = 0$$

期望的速度滚转角、攻角和侧滑角信号与标准弹道相同。FOADRC 控制器中 ESO 选取 LESO 作为对照,高超声速飞行器分数阶自抗扰控制系统仿真结果如图 6 - 38～图 6 - 43 所示。

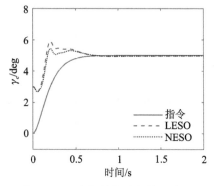

图 6 - 38　有初始偏差条件下速度
滚转角响应曲线

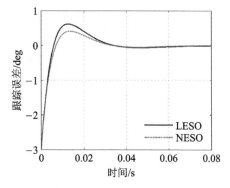

图 6 - 39　扩张状态观测器速度
滚转角跟踪误差

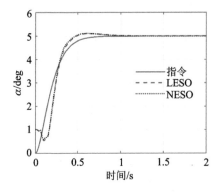

图 6-40 有初始偏差条件下攻角响应曲线

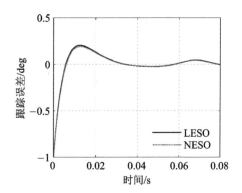

图 6-41 扩张状态观测器攻角跟踪误差

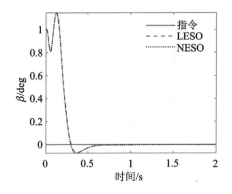

图 6-42 有初始偏差条件下侧滑角响应曲线

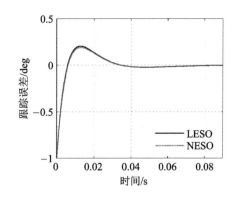

图 6-43 扩张状态观测器侧滑角跟踪误差

由图 6-38～图 6-43 可以看到，FOADRC 控制器，相比于使用 LESO，使用 NESO 时，在有初始偏差条件下，速度滚转角跟踪效果更好，攻角和侧滑角控制效果基本相同。NESO 和 LESO 跟踪实际飞行姿态的能力也有所不同，相比于 LESO，NESO 跟踪实际姿态时的跟踪误差更小，跟踪效果更好，且初始偏差越大时跟踪效果相比于 LESO 表现的越明显。

6.5.2 RCS 故障条件下容错控制系统仿真

为测试高超声速飞行器分数阶自抗扰控制方法对于 RCS 故障的容错性能，对闭环系统分别注入 RCS 推力器延迟故障、RCS 推力器推力降低故障和 RCS 推力器完全失效故障，验证控制系统性能。

飞行器初始状态为 $x=z=0$，$h=60$ km，$V=15$ Ma，$\theta=\psi_c=0$，$\omega_x=\omega_y=\omega_z=0$，$\alpha=0°$，$\beta=0°$，$\gamma_c=0°$，$T_{rx}=T_{ry}=T_{rz}=0$，$l_{Tr}=m_{Tr}=n_{Tr}=0$，$\delta_a=\delta_e=\delta_r=0$

期望的攻角和速度滚转角信号是幅度为 5°的连续方波信号，期望侧滑角为零。

考虑 RCS 推力器延迟故障。假设 RCS 推力器延迟为 5 ms 和 10 ms 的故障情况。RCS 推力器延迟故障工况下高超声速飞行器分数阶自抗扰容错控制系统仿真结果如图 6-44～图 6-49 所示。

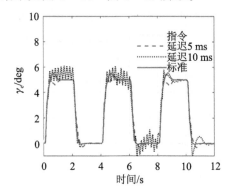

图 6-44　推力器延迟故障速度滚转角响应曲线

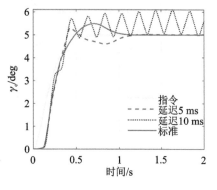

图 6-45　速度滚转角响应曲线(局部)

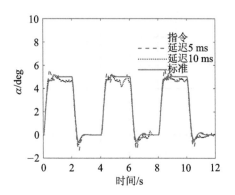

图 6-46　RCS 推力器延迟故障攻角响应曲线

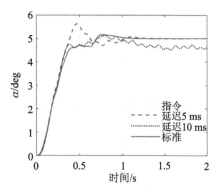

图 6-47　攻角响应曲线(局部)

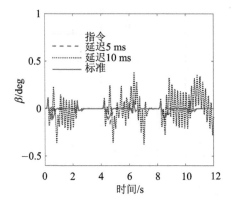

图 6-48　RCS 推力器延迟故障侧滑角响应曲线

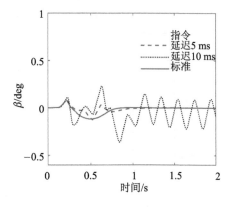

图 6-49　侧滑角响应曲线(局部)

从图 6-44~图 6-49 中可以看到，RCS 推力器延迟故障下，速度滚转角、攻角和侧滑角控制仍能完成对姿态指令的跟踪，且跟踪效果相对较好。随着延时的增加，姿态响应略有振荡，当 RCS 推力器延迟 10 ms 时，振荡较为明显，但幅值相对较小。

考虑 RCS 单一喷管的推力降低故障，在仿真时间 3 s 时向系统中注入推力器推力降低故障，推力器推力降低 50%。推力器推力降低 50% 故障工况下高超声速飞行器分数阶自抗扰容错控制系统仿真结果如图 6-50~图 6-52 所示。

图 6-50~图 6-52 中，红色虚线为姿态指令，黑色实线共 8 条，分别为 1~8 号喷管发生推力降低 50% 故障时的姿态角响应曲线。

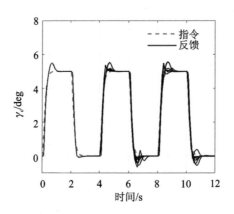

图 6-50 RCS 推力器推力降低故障速度滚转角响应曲线

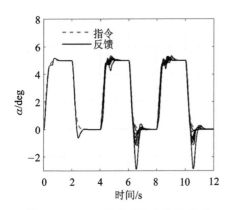

图 6-51 RCS 推力器推力降低故障
攻角响应曲线

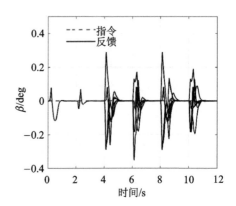

图 6-52 RCS 推力器推力降低故障
侧滑角响应曲线

从图 6-50~图 6-52 中可以看到当发生单一喷管推力器推力降低故障时，FOADRC 控制方法仍能够很好的跟踪期望的姿态。

考虑 RCS 单一喷管的推力完全失效故障，在仿真时间 3 s 时向系统中注入推力器推力完全失效故障。推力器推力完全失效故障工况下高超声速飞行器分数阶自抗扰容错控制系统仿真结果如图 6-53~图 6-55 所示。

图 6-53～图 6-55 中,红色虚线为姿态指令,黑色实线共 8 条,分别为 1～8 号喷管发生推力完全失效故障时的姿态角响应曲线。从图 6-53～图 6-55 中可以看到当发生单一喷管推力器推力完全失效故障时,FOADRC 控制方法仍能够很好的跟踪期望的姿态。

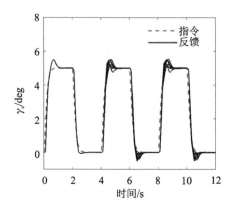

图 6-53　RCS 推力器推力完全失效故障速度滚转角响应曲线

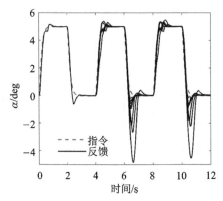

图 6-54　RCS 推力器推力完全失效
故障攻角响应曲线

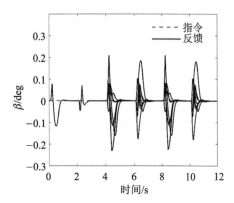

图 6-55　RCS 推力器推力完全失效
故障侧滑角响应曲线

6.6　本章小结

本章分析了执行器故障情况下,分数阶 $PI^\lambda D^\mu$ 和自抗扰控制方法在容错控制中的应用基础。针对分数阶 $PI^\lambda D^\mu$ 控制,分析了微分阶次对分数阶 $PI^\lambda D^\mu$ 控制器的影响和分数阶 $PI^\lambda D^\mu$ 控制器对系统开环增益变化的鲁棒性,证明了分数阶 $PI^\lambda D^\mu$ 控制对被控对象控制增益变化鲁棒性强的特点。针对自抗扰控制,提出了一种非线性扩张观测器的稳定性分析方法和参数优化方法,解决了扩张状态观测器可能出现的振颤问题;研究了自抗扰控制对系统受到的"外扰"的抗扰能力和自抗扰控制系统输出关于系统"内扰"的灵敏度,证明了自抗扰控制抗"外扰"能力强、对系统"内扰"(包括对被控对象控制增益的不确定性)鲁棒性强的特点。结果表明:分数阶 $PI^\lambda D^\mu$ 和自抗扰控制方法能够有效降低执行器故障引起的系统"内外扰动"对控制系统特性的影响。

在分析了高超声速飞行器执行器的故障模式和分数阶 $PI^\lambda D^\mu$ 与自抗扰控制的容错鲁棒性的基础上,将自抗扰控制中的 PID 控制模块推广到分数阶领域,设计了针对高超声速飞行器执行器故障的分数阶自抗扰容错控制方法。针对分数阶自抗扰控制应用中面临的一些实际问题,主要进行了如下两个方面的工作:分析了执行器环节对控制器设计和参数整定的影响;针对分数阶自抗扰控制器参数优化问题,提出了一种基于频域分析的分数阶自抗扰控制器参数优化方法。基于分数阶自抗扰的高超声速飞行器容错控制方法,对执行器故障引起的系统不确定性具有很强的鲁棒性,能够有效提高高超声速飞行器控制系统的自主性、容错性和复杂飞行环境适应性。

第 7 章

高超声速飞行器反作用控制系统调制方法

| 7.1　引　言 |

由于变推力式推力器设计复杂、成本较高且易造成推力器喷口污染,因此 RCS 往往采用常值推力器。常值推力器的推力大小和方向是固定不变的,因此所提供的控制力矩也是恒定不变的;而高超声速飞行器再入段姿态控制所需的实时控制力矩是连续变化的,所以需要依靠调制这一手段来实现 RCS 推力器的"数字式"变推力。应用于高超声速飞行器再入段 RCS 上的调制控制方式主要有 3 种:分别是邦——邦控制(Bang-bang control);脉宽调制(Pulse-Width-Modulation,PWM)以及脉宽脉频调制(Pulse-Width-Pulse-Freqency Modulation,PWPF)。

(1) 邦——邦控制

邦——邦控制是最早应用于 RCS 上的控制方式。其原理是应用继电环节将角度误差信号转换为 RCS 推力器开关信号。邦——邦控制[133],其控制原理如图 7 - 1 所示。然而这种控制方式的稳态精度完全取决于 U_{on} 的大小。小的 U_{on} 会提高系统的稳态精度,但是会降低系统的鲁棒性,而且会使 RCS 的推力器频繁开启关闭,容易造成高超声速飞行器在平衡位置附近的抖振。因此 Tobin C. Anthony 提出了带滞环的邦——邦控制[134],其原理如图 7 - 2 所示,现今提到的邦——邦控制一般指带滞环的邦——邦控制。这种邦——邦控制相比图 7 - 1 提高了系统的鲁棒性。虽然邦——邦控制设计简单,但相比其他两种调制手段,其控制精度不够高,系统的拟线性不好,容易形成抖振。

(2) 脉宽调制(PWM)

脉宽调制技术最早应用于解决发动机燃油消耗问题[135],如今在电力电子、航空航天等领域应用广泛。周林提到了 PWM 技术的原理基础是冲量等效原理:"冲量相等而形状不同的窄脉冲加在具有惯性的环节上时其控制效果是相同的"[136]。程剑

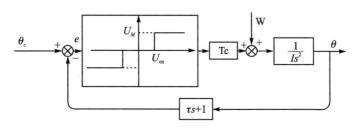

图 7 - 1　早期的邦——邦控制原理图

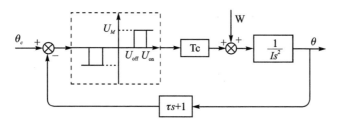

图 7 - 2　带死区的邦——邦控制原理图

峰等在其基础上进一步研究了脉冲延迟对 PWM 的影响[137]。周宇等[138]针对 RCS 工作离散的特点,用 PWM 技术设计 RCS 的控制方式,并取得了较好的效果。而 Paul G. Parry 等[139]提出 RCS 上 PWM 的应用模型,Tobin C. Anthony 提出了 PWM 模型[134],如图 7 - 3 所示。值得注意的是该图右侧输出的是脉宽指令而不是 开关指令,需要将该指令转换为开关指令。常用的方法是三角波比较法,但是这种转 换方法在周期够小的时候才能保证精度,为此可以将脉宽指令转换为开关指令。由 此可以得到脉宽调制在高超声速飞行器再入段纵向通道中的应用模型[140],如图 7 - 4 所示。

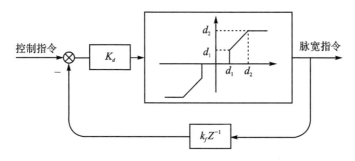

图 7 - 3　脉宽调制原理模型

　　然而,高超声速飞行器再入飞行的稳定性与 PWM 的采样周期、控制增益以及 RCS 提供的力矩等息息相关,特定的采样周期可能会与机体产生共振;且 PWM 设 计自由度单一,拟线性和跟踪精度不够好,只能调制脉宽、无法调制脉频。为此,国外 学者提出了脉宽脉频调制[133]。

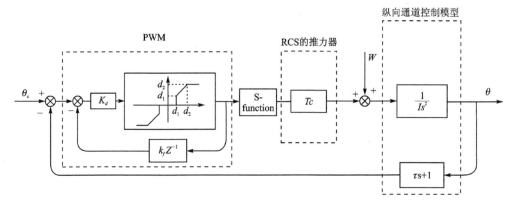

图 7-4　脉宽调制在高超声速飞行器再入段纵向通道中的应用

(3) 脉宽脉频调制(PWPF)

PWPF 因为具有跟踪精度高、拟线性好以及设计空间宽泛等优点,使得其在工程中已得到较多的应用,如卫星、轨道机动飞行器等的姿态控制[141]。国内外对这方面的研究也比较多。文献[134],[145],[142]中均提到了 PWPF 的模型,如图 7-5 所示。PWPF 由一阶惯性环节、带死区和滞环的继电环节以及单位负反馈组成。

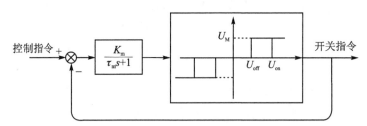

图 7-5　PWPF 调制原理模型

尽管相比较另外两种调制方式(邦——邦控制和脉宽调制)而言,PWPF 有节省燃料、拟线性好、设计自由度宽泛等优点,但是 PWPF 本身也存在一些缺点。如参数的选择问题,PWPF 的参数有 4 个,并不是固定不变的,这在增大了设计空间的同时,也增加了设计的复杂度。另外,PWPF 在提高跟踪精度的同时也使得 RCS 推力器更加频繁地开关机,增加了燃料的损耗并且降低了 RCS 的可靠性。

行业的发展对 PWPF 提出了新的需求。郭建国等在文献[143]中提到,PWM 与 PWPF 均只考虑输入输出,没有考虑拟线性跟踪精度问题,并提出了一种积分型脉宽脉频调制控制器,相对 PWPF 控制器具有更好的稳态精度。但是该文献并未对"拟线性跟踪精度"做出解释,实际上文献[144]中提出所谓拟线性是非线性系统阶跃响应对线性系统阶跃响应的拟合程度,这与跟踪精度是两个不同的概念。呼卫军[145]提出了 PWPF 对推力器的器件特性存在较高的要求,且在提高控制精度的同时增加了燃料的消耗,因此该文在一定的适用条件下用积分环节串联延时环节代替

PWPF 中的一阶惯性环节,这样改良的 PWPF 既考虑了器件实际的性能指标,又可以满足控制系统期望的性能指标,工程上也容易实现。可以基本消除姿态角和角速度的等幅高频振荡对机体的影响。

以上文献均对 PWPF 做出了相应的改进,并取得了较好的效果。但是却未对 PWPF 会让 RCS 推力器更加频繁开关这一点进行改进。较少的开关次数不仅减少了 RCS 的燃料损耗,间接节省了燃料,更是直接增加了 RCS 的可靠性。因此,对 PWPF 进行改进设计以期减少 RCS 推力器开关次数是十分有必要的。

总结来说,应用于高超声速飞行器再入段 RCS 上的调制控制方法主要有三种,分别是邦——邦控制、PWM 和 PWPF。其中,邦——邦控制的稳态误差大、消耗燃料多且容易使机体产生抖振;PWM 因为周期大小固定,这使得其调制结果的拟线性较差,稳态误差相对较大,而且可能与飞行器产生共振;PWPF 因为跟踪精度高、设计宽泛、拟线性好等优点使其在 RCS 中得到了最为广泛的应用。本书的研究内容主要是以高超声速飞行器再入段为基础,对 RCS 进行调制控制设计优化和降额控制设计方法研究。RCS 调制控制的优化在本书中主要体现在对 RCS 中 PWPF 控制的改良方面。因此,在进行优化之前首先要清楚 RCS 中 PWPF 控制的工作原理是什么,参数选择的依据是什么,在此基础上才能对其进行更深一步的研究。

本章中用控制系统中的状态空间法求解了 PWPF 中一阶惯性环节非零条件下的时域关系;展示了 PWPF 在高超声速飞行器再入段 RCS 中的控制结构模型,并对 PWPF 在 RCS 中的工作原理提出了详细的解释,提出了“类冲量等效”的概念。对 PWPF 在 RCS 中应用时的参数选择范围做了研究和设计。针对 PWPF 的优化设计本章首先提出了一种高超声速飞行器再入段 RCS 中 PWPF 控制的优化方法——通过在 PWPF 反馈环节中增加阻尼系数来达到减小 RCS 推力器开关次数的目的,然后对该方法进行了理论分析和仿真验证,证明这种优化是切实可行的。接着在该优化方法基础上进一步提出了三种变阻尼系数优化方案,之后对这三种方案进行了仿真验证并得出结论——变系数方案 1 有着比固定阻尼系数更优越的性能。

7.2　高超声速飞行器反作用控制系统中 PWPF 的调制原理

PWPF 由三部分组成,分别是一阶惯性环节、一般继电环节以及单位负反馈环节。要明白 PWPF 的数学原理首先要清楚一阶惯性环节非零条件下的时域关系。

7.2.1　一阶惯性环节非零条件下的时域关系

一阶惯性环节如图 7-6 所示。其中输入为 a,一个周期内视为常数;输出为 f。其时域的微分方程为

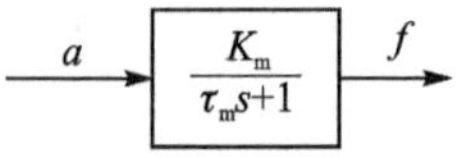

$$a \rightarrow \boxed{\dfrac{K_{\mathrm{m}}}{\tau_{\mathrm{m}}s+1}} \rightarrow f$$

图 7-6　PWPF 中的一阶惯性环节

$$\tau_{\mathrm{m}}\dot{f}+f=aK_{\mathrm{m}} \tag{7.1}$$

即

$$\dot{f}=-\frac{1}{\tau_{\mathrm{m}}}f+\frac{K_{\mathrm{m}}}{\tau_{\mathrm{m}}}a \tag{7.2}$$

将公式(7.2)视为一维状态空间,由状态空间的解公式可以推得

$$f(t)=\mathrm{e}^{-\frac{1}{\tau_{m}}(t-t_{0})}f(0)+\int_{t_{0}}^{t}\mathrm{e}^{-\frac{1}{\tau_{m}}(t-s)}\frac{K_{\mathrm{m}}}{\tau_{\mathrm{m}}}a\,\mathrm{d}s \tag{7.3}$$

解得

$$f(t)=aK_{m}(1-\mathrm{e}^{-\frac{1}{\tau_{m}}(t-t_{0})})+\mathrm{e}^{-\frac{1}{\tau_{m}}(t-t_{0})}f(0) \tag{7.4}$$

一般取 t_{0} 为 0,则有

$$f(t)=aK_{\mathrm{m}}(1-\mathrm{e}^{-\frac{t}{\tau_{m}}})+\mathrm{e}^{-\frac{t}{\tau_{m}}}f(0) \tag{7.5}$$

7.2.2　PWPF 的数学原理

假设图 7-5 中的输入指令为 E,一阶惯性环节的输出为 U。继电环节输出为 0 时,反馈是 0,U 逐渐增大到 U_{on},此时继电环节开始输出,输出是 U_{M}。U_{M} 经过反馈环节作用在一阶惯性环节的输入,使一阶惯性环节此时的输出 U_{on} 开始减小,直到 U_{off},此刻起继电环节无输出,反馈变成 0,又使得一阶惯性环节的输出开始增大,如此循环往复。上述过程输出 U_{M} 的时间长度就是脉宽,其计算公式如(7.6)所示;同理,可列写求取继电环节无输出时的时间长度 T_{off},求取公式表示如下

$$U_{\mathrm{off}}=(E-U_{\mathrm{M}})K_{\mathrm{m}}(1-\mathrm{e}^{-\frac{T_{\mathrm{on}}}{\tau_{m}}})+\mathrm{e}^{-\frac{T_{\mathrm{on}}}{\tau_{m}}}U_{\mathrm{on}} \tag{7.6}$$

$$U_{\mathrm{off}}=(E-U_{\mathrm{M}})K_{\mathrm{m}}(1-\mathrm{e}^{-\frac{T_{\mathrm{on}}}{\tau_{m}}})+\mathrm{e}^{-\frac{T_{\mathrm{on}}}{\tau_{m}}}U_{\mathrm{on}} \tag{7.7}$$

$$U_{\mathrm{on}}=EK_{\mathrm{m}}(1-\mathrm{e}^{-\frac{T_{\mathrm{off}}}{\tau_{m}}})+\mathrm{e}^{-\frac{T_{\mathrm{off}}}{\tau_{m}}}U_{\mathrm{off}} \tag{7.8}$$

王清、周红建等人详细分析了 PWPF 的调制原理[146~147]。反解公式(7.7)和(7.8)可以得出经调制以后的开机时长(脉宽长度)为

$$T_{\mathrm{on}}=-\tau_{\mathrm{m}}\ln\frac{U_{\mathrm{off}}-K_{\mathrm{m}}(E-U_{m})}{U_{\mathrm{on}}-K_{\mathrm{m}}(E-U_{m})} \tag{7.9}$$

关机时长为

$$T_{\mathrm{off}}=-\tau_{\mathrm{m}}\ln\frac{U_{\mathrm{on}}-K_{\mathrm{m}}E}{U_{\mathrm{off}}-K_{\mathrm{m}}E} \tag{7.10}$$

占空比为

$$DC = \left[1 + \frac{\ln\left(1 + \dfrac{a}{x}\right)}{\ln\left(1 + \dfrac{a}{1 - x}\right)}\right]^{-1} \tag{7.11}$$

其中,

$$a = \frac{h}{K_{\mathrm{m}}(E_{\mathrm{s}} - E_{\mathrm{d}})}, \quad x = \frac{E - E_{\mathrm{d}}}{E_{\mathrm{s}} - E_{\mathrm{d}}}, \quad E_{\mathrm{d}} = \frac{U_{\mathrm{on}}}{K_{\mathrm{m}}}, \quad E_{\mathrm{s}} = U_{\mathrm{m}} + \frac{U_{\mathrm{off}}}{K_{\mathrm{m}}}$$

将 DC 在 $x = 0.5$ 处,泰勒展开,并取一阶项,如下:

$$DC = 0.5 + \frac{2a}{(1 + 2a)\ln(1 + 2a)}(x - 0.5) \tag{7.12}$$

占空比 DC 与输入 E 的曲线图如图 7-7 所示:

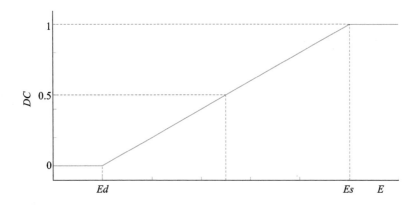

图 7-7　PWPF 输出脉宽的占空比 DC 与输入 E 的关系

可以看出,当输入小于 E_d 时,PWPF 是没有输出的,此时系统处于调制死区;而当输入在 E_d 与 E_s 之间时,占空比 DC 与输入 E 近似线性的关系,此时的调制效果是最好的;当输入大于 E_s 时,系统处于 PWPF 的饱和区,在控制中的宏观表现为系统快速性下降(存在时延)。所以在实际设计中,应该尽量让 PWPF 工作在线性区。

7.2.3　PWPF 在高超声速飞行器再入段 RCS 中的调制原理

几乎所有的相关文献中都将“线性区占空比 DC 与输入 E 成正比”作为了 PWPF 的调制原理,但是这种线性关系却不能作为高超声速飞行器再入段 RCS 中 PWPF 控制原理的最终解释。高超声速飞行器再入段 RCS 中 PWPF 的控制原理是与 PWM 相似的一种“类冲量等效原理”。之所以说是类冲量等效是因为二者并不完全等效,只是近似的等效。

PWPF 在高超声速飞行器再入段 RCS 中的控制结构模型如图 7-8 所示。在用 PWPF 调制指令力矩时，三轴指令力矩 $\boldsymbol{M}_C$ 一般远远大于 E_s（$E_s = 1 + U_{\text{son}}/K_m$），因此需要将指令力矩先等比缩小以进行调制，调制完成后再将调制信号等比放大作为 RCS 的输出力矩，这个比例系数就是 RCS 所能提供的三轴控制力矩 M_{RCS}。

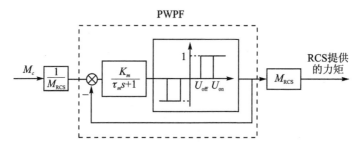

图 7-8　PWPF 在高超声速飞行器再入段 RCS 中的控制结构图

根据图 7-8 则有：

$$E = \left(1 - \frac{U_{\text{on}} - U_{\text{off}}}{K_m}\right) \cdot DC \tag{7.13}$$

在实际应用中 $U_{\text{on}} - U_{\text{off}}$ 要比 K_m 小得多，所以其比值远小于 1，因此 E 与 DC 可近似认为是相等的。当周期很小时，在一个周期内可以认为 E 是常值，那么在一个周期内有：

$$E \cdot T \approx DC \cdot T = T_{\text{on}} \tag{7.14}$$

将 E 替换为图 7-8 中的力矩指令则有：

$$\frac{\boldsymbol{M}_C}{\boldsymbol{M}_{\text{RCS}}} \cdot T \approx T_{\text{on}} \rightarrow \boldsymbol{M}_C \cdot T \approx \boldsymbol{M}_{\text{RCS}} \cdot T_{\text{on}} \tag{7.15}$$

上式即为周林等阐述的冲量等效原理[136]。但是由于做了两次近似（E 近似认为等于 DC，在周期内 E 近似为常数），所以高超声速飞行器再入段 RCS 中 PWPF 的控制原理并不是严格的冲量等效，只能是类冲量等效。

然而，即使是冲量等效，也只能保证周期内角速度增量相同，但是不能保证角度增量也相同，因此单纯的冲量等效并不能消除角度误差。而角度误差的消除是依靠系统的反馈来完成的。因此 PWPF 必须与带负反馈的系统一起使用才能有效的将连续指令调制为离散的 RCS 推力器开关指令。

7.3　高超声速飞行器反作用控制系统 PWPF 参数选择

PWPF 相比 PWM 有更宽泛的设计空间，但是 PWPF 有四个参数（U_{on}、U_{off}、K_m、τ_m）需要调节，这也增加了设计的复杂性。而这四个参数如何选择也影响着高超声速飞行器再入段姿态控制系统的性能。例如：增大增益 K_m 会获得相对较大的

PWPF 线性调制区,使姿态控制系统具有较好的拟线性,但是过小的调制死区使姿态控制系统的抗干扰能力变差,容易使机体产生平稳位置附近的抖振;而减小时间常数 τ_m,会提高姿态控制系统的快速性,减小姿态控制系统的稳态误差,但是会增加 RCS 推力器的开关机次数,加剧燃料的消耗等。因此四个参数的选择是一个折中的过程。下面针对这四个参数给出了一个参数参考范围,如表 7-1 所列。

表 7-1　PWPF 四个参数范围

K_m	τ_m	U_{on}	$h = U_{on} - U_{off}$
2.5～7.5	0.1～0.2	0.3～1.0	$(0.2～0.8)U_{on}$

Gangbing Song 提出了 PWPF 脉冲调制器的参数取值建议范围,如表 7-2 所列。

表 7-2　另一种 PWPF 参数取值范围

K_m	τ_m	U_{on}	$h = U_{on} - U_{off}$
1.0～6.0	0.1～0.2	>0.3	$<0.8\,U_{on}$

而王清等人也提出了一种参数的取值范围,并注明是人工调节参数时的大致经验所得[146],如表 7-3 所列。

表 7-3　PWPF 参数经验取值范围

K_m	τ_m	U_{on}	U_{off}
10～30	0.1～0.9	0.6～0.9	0.15～0.5

本书采取的 RCS 调制控制是 PWPF 控制。PWPF 相比 PWM 以及邦——邦控制有较好的拟线性以及跟踪精度,但是却有较多的开关次数,这一点也可以在已经进行的研究[50]中得到印证。目前,RCS 推力器电磁阀可靠开关次数在 1000 次左右,更多的开关次数意味着更低的可靠性。另一方面,推力器每次开关时,由于燃料不能充分燃烧,使得燃料的利用率降低(能量损耗 50%～70%),为达到控制目的必须携带更多的燃料以补偿燃料的不充分燃烧。换言之,开关次数的增加也间接的增加了 RCS 的设计载荷。因此对高超声速飞行器再入段 RCS 的 PWPF 控制进行改进以减小 RCS 推力器的开关次数是十分有必要的。

7.4　高超声速飞行器反作用控制系统调制(PWPF)优化

PWPF 的工作原理其实是"类冲量等效"。而冲量等效在只有一个积分环节的系统中是近乎完美的等效,几乎不存在方法误差。但是高超声飞行器不是简单的一阶系统。因此冲量等效是存在方法误差的。以图 7-9 为例进行简单说明。

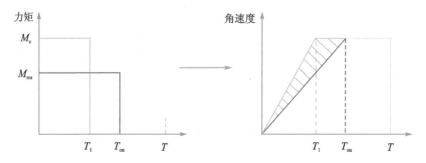

图 7-9　高超声速飞行器再入段 RCS 中 PWPF 的方法误差

由图 7-9 可以看出，一个周期内，调制前后高超声速飞行器的角速度增量相同，但是角度增量却不相同，调制后高超声速飞行器的角度增量比调制以前要少（图中阴影部分为误差量）。换言之，调制的每个周期内都存在方法误差，而在调制周期很小的时候，这个方法误差则可以忽略不计。控制过程可以理解为误差 e 减小的过程。每次调制都是在减小误差，减小量为 Δe_i，但是 PWPF 本身的方法误差使得误差减小量 Δe_i 较小，如果可以增大每次 PWPF 调制对误差的减小量（增大 Δe_i），那么总的调制周期就会变少，也意味着 RCS 推力器开关次数的减少。

参考文献[148]中的研究分析，在此直接提出高超声速飞行器再入段 RCS 中 PWPF 控制的优化方法并对其进行理论分析和验证。改进方式如图 7-10 所示。

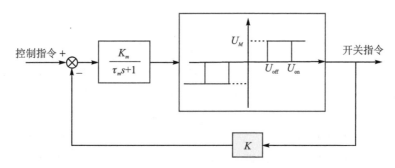

图 7-10　对高超声速飞行器再入段 RCS 中 PWPF 控制的改进

优化方法为在 PWPF 的反馈环节中增加一个阻尼系数 K（一般取 $K<1$，K 有减小反馈、阻碍一阶惯性环节输入迅速减小的能力，因此叫阻尼系数）。

| 7.5　高超声速飞行器反作用控制系统调制控制优化理论设计 |

高超声速飞行器再入段 RCS 的 PWPF 控制中，阻尼系数 K 的引入，使得 PWPF 中的一阶惯性环节输入端信号相对增大，此时对应的 PWPF 输出占空比变大，相比未引入阻尼系数的时候,PWPF 的调制周期变长、脉宽变大、每次调制减小误差的能力变强,减小了总的 PWPF 调制周期数,从而减小了总的 RCS 推力器开关机次数(每个调制周期对应一次开关过程)。

将 K 带入公式开关机电压公式得

$$U_{\text{off}} = (E - K) K_m (1 - e^{-\frac{T_{\text{on}}}{\tau_m}}) + e^{-\frac{T_{\text{on}}}{\tau_m}} U_{\text{on}} \tag{7.16}$$

$$U_{\text{on}} = E K_m (1 - e^{-\frac{T_{\text{off}}}{\tau_m}}) + e^{-\frac{T_{\text{off}}}{\tau_m}} U_{\text{off}} \tag{7.17}$$

推导出新的脉宽表达式为

$$T_{\text{on}} = -\tau_m \ln \frac{U_{\text{off}} - K_m(E - K)}{U_{\text{on}} - K_m(E - K)} \tag{7.18}$$

$$T_{\text{off}} = -\tau_m \ln \frac{U_{\text{on}} - K_m E}{U_{\text{off}} - K_m E} \tag{7.19}$$

则新的占空比表达式为

$$DC = \frac{\ln \dfrac{U_{\text{off}} - K_m(E - K)}{U_{\text{on}} - K_m(E - K)}}{\ln \left(\dfrac{U_{\text{on}} - K_m E}{U_{\text{off}} - K_m E} \cdot \dfrac{U_{\text{off}} - K_m(E - K)}{U_{\text{on}} - K_m(E - K)} \right)} \tag{7.20}$$

取阻尼系数 $K = 0.7$,并画出此时 PWPF 输出的脉宽、占空比与输入的关系图,如图 7-11 和图 7-12 所示。

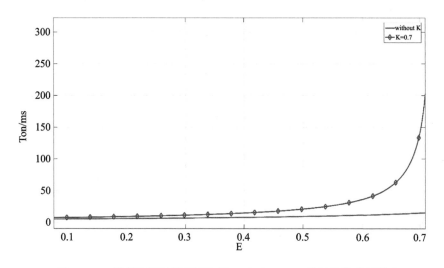

图 7-11　高超声速飞行器再入段 RCS 中 PWPF 控制改进前后脉宽

从公式(7.18)、(7.19)以及图 7-12 可以看出,在 PWPF 控制的反馈环节中增加阻尼系数 $K(K<1)$ 以后,拓宽了 PWPF 的输出脉宽 T_{on},但是对 T_{off} 则无影响,换言之,RCS 中 PWPF 控制的每个调制周期变长,且周期内 RCS 推力器的开机时间增

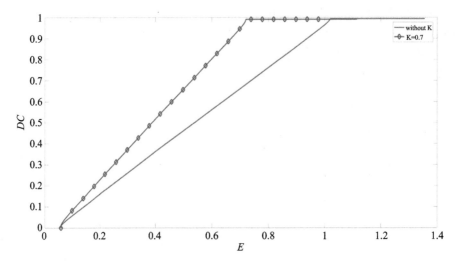

图 7 - 12　高超声速飞行器再入段 RCS 中 PWPF 控制改进前后占空比

加,这意味着每个调制周期内 PWPF 减小误差的能力变强。可以用图 7 – 13 来解释。

从图 7 – 13 可以看出,引入阻尼系数后 PWPF 控制的方法误差从右上图中的阴影部分面积变为了右下图中两部分阴影面积之差,只要选择合适的阻尼系数,则可以使高超声速飞行器再入段 RCS 中 PWPF 控制的方法误差足够小。这也充分说明了,引入合适的阻尼系数 K 会很大程度上减小 RCS 推力器的开关机次数。这一点也可以与文献[148]中的研究相互印证:PWM 比 PWPF 的平均脉宽更大,开关机次数更少。

阻尼系数 K 的引入可以减小高超声速飞行器再入段 RCS 中 PWPF 控制的方法误差,但同时可能带来其他两个方面的问题。首先,阻尼系数 K 使得 PWPF 的调制能力变强,每个周期内的方法误差变小,但是如果 K 太小,不仅不会减小方法误差,反而反向增大了 PWPF 控制的方法误差(图 7 – 13 右下两阴影面积之差),这是因为太小的阻尼系数极大地拓展了脉宽,使得 PWPF 控制在消除原有方法误差的基础上增加了新的方法误差,所以不仅不会减少 RCS 推力器开关次数还会增加开关次数甚至引起高超声速飞行器再入飞行状态的不稳定等;另外,阻尼系数的引入改变了 PWPF 的内部结构,因为 PWPF 中存在非线性环节,因此,阻尼系数 K 的引入可能会使得高超声速飞行器在平衡位置附近抖振。

将图 7 – 10 放入回路中,得出对 RCS 中 PWPF 控制改进以后的高超声速飞行器再入段纵向通道简化姿态控制回路。如图 7 – 14 所示。

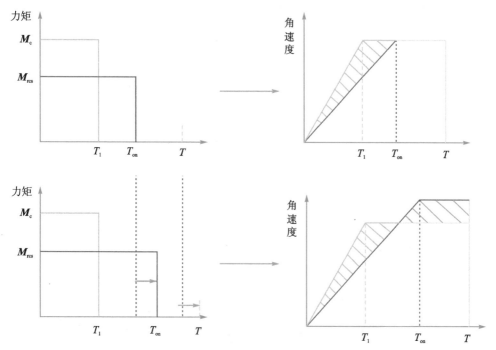

图 7 - 13　高超声速飞行器再入段 RCS 中 PWPF 控制改进后的方法误差

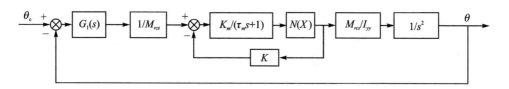

图 7 - 14　PWPF 控制改进以后高超声速飞行器再入段纵向通道简化姿态控制回路

此时纵向通道的闭环特征方程为

$$1 + N(X)\frac{K \cdot K_m}{\tau_m s + 1}\frac{I_{yy}s^3 + k_d s^2 + k_p s + k_i}{I_{yy}s^3} = 0 \qquad (7.21)$$

在复平面上画出其奈奎斯特曲线（$K = 0.7$），如图 7 - 15 所示。

图 7 - 15 中，蓝线（实线）代表奈奎斯特曲线（起点为正实轴的无限远处），红线（虚线）代表负倒描述函数。由图 6 - 42 可知，纵向通道引入阻尼系数 K 不会影响系统的稳定性。此时 A 点对应的输入振幅 X_{02} 为 9.60，这说明引入阻尼系数 K（$K = 0.7$）会略微降低纵向通道的抗干扰能力。对系统的稳定性则没有影响。

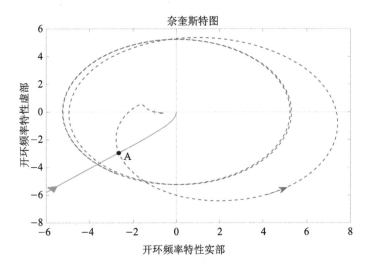

图 7-15　高超声速飞行器再入段 RCS 中 PWPF 改进后纵向通道奈奎斯特曲线

7.6　高超声速飞行器反作用控制系统调制(PWPF)控制的三种变系数优化方案

以上主要对"在 RCS 中 PWPF 控制的反馈环节中引入固定大小的阻尼系数"这一改进方法进行了分析和验证,本节在此基础上更进一步提出三种变阻尼系数优化方案。固定的阻尼系数有可能增大 RCS 推力器的开关次数。而在另一方面,从图 7-11 可以看出,固定的阻尼系数这一改进方法使得 PWPF 控制减小姿态误差的能力在输入 E 较大的时候较强,而在 E 较小的时候 PWPF 控制减小姿态误差的能力几乎没有改变。

现在将部分固定阻尼系数时 PWPF 调制的占空比与输入的关系曲线画出,如图 7-16 所示。

从图 7-16 中可以看出,阻尼系数的引入只会改变占空比线性区域的大小,死区和饱和区不会改变。为了得到一种有效的变系数方案,在图 7-16 的基础上画出三条平滑的曲线,以这三条曲线作为变阻尼系数方案进行研究,如图 7-17 所示。

这三条曲线所对应的阻尼系数均是变化的,对应的输入在 $U_{on}/K_m \sim U_M + U_{off}/K_m$。从图 7-17 可以看出,方案 1 的阻尼系数均小于 1;方案 2 的阻尼系数 $0.5 - U_M + U_{off}/K_m$ 之间小于 1,其余时候大于 1;方案 3 的阻尼系数与方案 2 恰好相反。从图 7-17 中对每条曲线取有限个点进行曲线拟合,这些点的横坐标对应的是输入 E,纵坐标取这一点所对应的阻尼系数 K,所取部分点如表 7-4～表 7-6 所列。

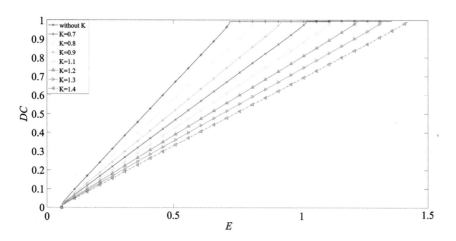

图 7 - 16　不同阻尼系数对应的 PWPF 占空比与输入的关系

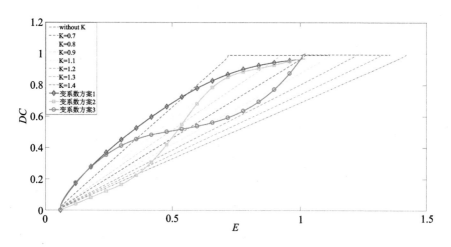

图 7 - 17　三种变系数方案对应的占空比 DC 与输入 E 的对应曲线

表 7 - 4　变系数方案 1 的拟合点

E	0.054 362	0.183 221	0.332 215	0.429 53	0.565 101	0.667 785	0.738 255	0.884 564	1
K_1	0.4	0.5	0.6	0.637 6	0.7	0.755	0.8	0.9	1

表 7 - 5　变系数方案 2 的拟合点

E	0.241 611	0.361 074	0.436 913	0.497 987	0.523 49	0.557 047	0.777 181	0.877 181	1
K_2	1.6	1.4	1.2	1	0.9	0.849	0.849	0.9	1

表 7-6　变系数方案 3 的拟合点

E	0.104 0	0.177 85	0.266 443	0.359 06	0.426 17	0.563 76	0.649 66	0.916 12	1
K_3	0.43	0.5	0.6	0.7	0.8	1	1.1	1.1	1

将表 7-4~表 7-6 包含的数据进行拟合,可以得出如下 3 个拟合公式。

$$K_1 = -1.290\ 6E^5 + 3.027\ 9E^4 - 1.704\ 1E^3 - 0.319\ 1E^2 + 0.933\ 5E + 0.349\ 8$$
$$R^2 = 0.999\ 7 \tag{7.22}$$

$$K_2 = 50.508E^5 - 192.15E^4 + 249.31E^3 - 156.89E^2 + 42.732E - 2.511$$
$$R^2 = 0.994\ 4 \tag{7.23}$$

$$K_3 = 9.153\ 1E^5 - 25.277E^4 + 22.469E^3 - 7.713\ 5E^2 + 2.096\ 8E + 0.272\ 1$$
$$R^2 = 0.999\ 7 \tag{7.24}$$

此时 PWPF 的调制原理图如图 7-18 所示。

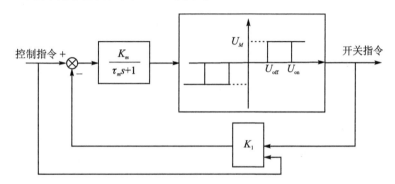

图 7-18　变系数方案对应的 PWPF 原理图

由于变系数的复杂性,用解析法进行理论分析比较困难,因此首先通过简单的纵向通道模型[149]来验证三种变系数方案的可行性。所得结果如图 7-19 所示。

从图 7-19 可以看出,三种变系数方案中,变系数方案 2 会明显增加 RCS 推力器开关机次数,变系数方案 3 和固定系数($K=0.7$)减小 RCS 推力器开关次数的性能相差不大,变系数方案 1 相比其他两种方案而言有最少的 RCS 推力器开关次数。因此接下来本书对变系数方案 1 进行简单的理论分析。将拟合公式 K_1 带入公式 (7.18)得出变系数方案 1 对应的脉宽求解公式。

$$T_{on} = -\tau_m \ln \frac{U_{off} - K_m(E - K_1)}{U_{on} - K_m(E - K_1)} \tag{7.25}$$

将无阻尼、阻尼系数为 0.7 以及阻尼系数为 K_1 时的脉宽曲线画出,如图 7-20 所示。

从图 7-20 可以看出,当输入 E 在(0.05,0.55)范围内变化时,变系数方案 1 可以明显拓展 PWPF 的脉宽,该特性比阻尼系数为 0.7 时优越。而输入 E 在(0.55,1)

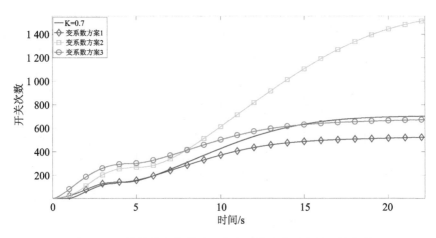

图 7-19　简易纵向通道时三种变系数方案对应的开关次数

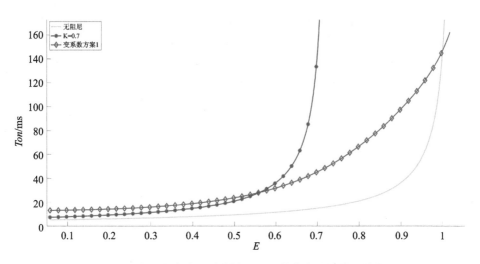

图 7-20　变系数方案 1 对应的 PWPF 输出脉宽与输入的关系

范围内变化时,变系数方案 1 拓展的脉宽长度虽然不如阻尼系数 0.7 时,但总的开关次数明显减少,这也表明了,RCS 推力器频繁开关主要发生在输入 E 较小($E<0.55$ 时)的时候。

| 7.7　本章小结 |

高超声速飞行器再入段 RCS 调制控制方法一般有三种,分别是邦——邦控制、PWM 和 PWPF,因为 PWPF 相比另外两种调制方式具有拟线性好、跟踪精度高、设计自由度大等优点,因此本书选取 PWPF 作为高超声速飞行器再入段 RCS 的调制控制模型。本章主要对高超声速飞行器再入段 RCS 中 PWPF 控制的工作原理和参数选择进行了分析和研究。首先借助自动控制原理中状态空间法的通用解公式来推导非零条件下一阶惯性环节时域中输入与输出的关系，在综合考虑一般继电环节和单位负反馈的特性之后，推导出了 PWPF 的开机时长和关机时长的表达式。借助泰勒展开等数学手段推导出了 PWPF 的数学调制原理——线性区 PWPF 的占空比与 PWPF 的输入成正比。然后基于 PWPF 的数学原理完成了 PWPF 在高超声速飞行器再入段 RCS 中的控制结构设计，并给出了 PWPF 在高超声速飞行器再入段 RCS 中应用原理的解释——"类冲量等效"原理。最后基于 PWPF 的四个参数（U_{on}、U_{off}、K_m、τ_m）与高超声速飞行器再入段姿态控制系统性能之间的关系，参照文献[146]，[150]，[151]等给出了 PWPF 四个参数的适用范围。为后续对高超声速飞行器再入段 RCS 的调制控制设计和改进奠定了基础。

  本章主要针对 PWPF 控制会使得 RCS 推力器更频繁开关这一缺点对 PWPF 进行了改进、分析和验证。首先提出了一种在 RCS PWPF 控制中引入阻尼系数的改进方法，并对其进行了理论分析和仿真验证（纵向通道），结果表明该方法可以明显减小 RCS 推力器的开关次数。接着在这种改进方法的基础上提出了 3 种变阻尼系数的优化方案，并对它们进行了简单的理论分析和对照仿真验证，最终，变系数方案 1 相比固定阻尼系数的改进方式能更多地减少 RCS 推力器的开关次数。

第 8 章

高超声速飞行器反作用控制系统配置优化设计

8.1 引 言

现有的高超声速飞行器 RCS 的布局和配置,大多是基于经验设计的。基于经验设计的高冗余度的 RCS 表现为其推力器的布局的设计是没有理论支撑、没有经过优化设计的。采用增加 RCS 的冗余度的方式是为了提高高超声速飞行器的飞行安全性,但是无法保证实际运行中燃耗最低。RCS 推力器的安装数量过多,其携带的燃料必然也会增加,这会导致高超声速飞行器飞行燃耗的浪费和高超声速飞行器有效载荷的减少。而对 RCS 进行配置优化,降低推力器的数量,减少装载的燃料,能够降低飞行成本,增加飞行器的有效载荷量,提高飞行器的利用率。

基于对高超声速飞行器系统轻量化,低成本,燃料节约角度的需求,对飞行器 RCS 的配置进行优化,从而达到降低燃耗,减少推力器数量,一项非常重要和具有现实应用意义的研究。本书进行了基于非线性规划方法的 RCS 布局优化设计,以及对飞行器原 RCS 8 推力器配置进行数量降额设计,分析了 6 推力器布局下的 RCS。

8.2 高超声速飞行器反作用控制系统布局优化

RCS 配置优化设计的主要内容就是推力器的布局优化设计。本书设计了多目标非线性规划的方法进行高超声速飞行器 RCS 的布局优化设计。非线性规划与线性规划类似,都包括决策变量、目标函数、约束条件和数学模型四个部分。当目标函数、约束条件均为线性函数,则该优化问题为线性规划问题;目标函数或者约束条件中至少有一个是非线性函数的最优化问题叫非线性规划问题。其中,约束函数包括不等式约束和等式约束。

本书的 RCS 布局优化中,RCS 推力器的安装角度和安装距离的约束条件根据高超声速飞行器尾部直径和图 8-1 的 RCS 模型示意图设计。决策变量为斜向推力器力方向与横轴的夹角 θ 和斜向推力器延长线与推力器平面中心的距离 d。本书布局优化的设计依据是给定一段轨迹,根据能够实现这一段轨迹的每一时刻的期望姿态角来对 RCS 布局进行优化设计。布局优化中,目标函数可以有多种设计方式,例如为燃料最省,姿态跟踪控制误差最小,以及综合考虑燃耗和姿态跟踪控制误差。

本书研究了高超声速飞行器再入滑翔段的飞行,对控制精度的要求不高,只需要保证燃料消耗最低即可。但是为了提高 RCS 配置优化算法的适用程度,在算法的设计过程中可以综合考虑燃耗和误差,将布局优化过程中的代价函数设计为

$$F_{cost} = w_f \times \text{fuel} + w_e \times \text{error} \tag{8.1}$$

其中 w 为对应权重。fuel 为燃料消耗,用 $t_0 \sim t_f$ 8 推力器的开机时间总和来表示燃耗。

$$\text{fuel} = \sum_{t_0}^{t_f} \sum_{i=1}^{8} T_{\text{iopen}} \tag{8.2}$$

式(8.3)中,error 为姿态跟踪控制误差,r 是期望姿态,y 为 $t_0 \sim t_f$ 的每一时刻实际的飞行姿态。

$$\text{error} = \frac{\int_{t_0}^{t_f} |y - r| \, \mathrm{d}t}{t_f - t_0} \tag{8.3}$$

本书在布局优化的设计中,利用了一段时间内的燃耗和飞行姿态作为优化的目标函数。这种优化方法考虑了飞行器的实际飞行,在给定飞行任务和飞行弹道的条件下,可以使用设计好的再入滑翔飞行初期阶段的弹道为飞行器设计最合适的 RCS 布局,从而达到更加节省燃耗的效果,也可以为飞行器 RCS 的燃耗装载提供一定的参考,具有更高的适应性和实用性。因此,为了获取 $t_0 \sim t_f$ 的飞行姿态和 RCS 使用情况,本书将飞行器姿态控制与控制分配系统引入 RCS 布局优化设计中,在布局优化的非线性规划算法中,实时运行一段弹道内飞行器姿态控制系统仿真,根据实时飞行器姿态控制结果设计代价函数。在不同的控制目标和不同的布局条件下,飞行器姿态控制系统运行结果是不同的。

因此本书设计的 RCS 非线性规划问题的表达式为

$$\min F_{cost} = w_f \times \text{fuel} + w_e \times \text{error}$$

$$\text{fuel} = \int_{t_0}^{t_f} \sum_{i=1}^{8} T_{\text{iopen}}(\theta, d) \, \mathrm{d}t$$

$$\text{error} = \frac{\int_{t_0}^{t_f} |y(\theta, d) - r| \, \mathrm{d}t}{t_f - t_0}$$

$$\text{s. t.} \quad \begin{cases} 0 \leqslant d \leqslant 0.75 \\ 0 \leqslant \theta \leqslant 90° \end{cases} \tag{8.4}$$

其中,代价函数 F_{cost} 是由期望控制目标下一段时间内的燃耗和跟踪误差按照各自占比组成,fuel 为 $t_0 \sim t_f$ 的 8 个推力器的开启总时间,error 是 $t_0 \sim t_f$ 内的跟踪误差,而其中的 $T_{iopen}(\theta, d)$ 和 $y(\theta, d)$ 都是斜向推力器安装角度 θ 和安装距离 d 的非线性函数。约束为安装距离 d 不超过高超声速飞行器尾部切面的半径,安装角度 θ 限制在 $0 \sim 90°$。通过求解(8.4)代表的非线性规划问题,可以获得在对应控制目标下的 RCS 布局的最优解。

| 8.3   高超声速飞行器反作用控制系统推力器数量降额设计 |

8.3.1   高超声速飞行器反作用控制系统三推力器配置反作用控制设计

由于 RCS 需要采取对称(关于纵向平面对称)的气动外形,要产生滚转力矩则必须有两个推力器斜向安装,因此三推力器 RCS 仅有一种布局方式,如图 8-1 所示。

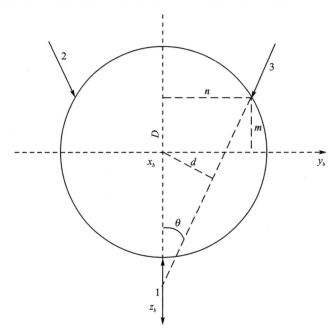

图 8-1   高超声速飞行器再入段 RCS 的三推力器布局

1 号推力器安装在立轴上,2、3 号推力器对称安装,安装角为 θ 且推力延长线不过质心。

将三个推力器在各轴上的力矩分量列出,如表 8-1 所列。

表 8-1　三推力器 RCS 布局时推力器在各轴的力矩分量

喷管序号	X 轴力矩(滚转力矩)	Y 轴力矩(俯仰力矩)	Z 轴力矩(偏航力矩)
1	0	$-lF$	0
2	$-nF\cos\theta+mF\sin\theta$	$lF\cos\theta$	$-lF\sin\theta$
3	$nF\cos\theta-mF\sin\theta$	$lF\cos\theta$	$lF\sin\theta$

假设此时三通道 RCS 的指令力矩为 $\boldsymbol{M}_{\mathrm{rcs}}$,三个推力器均可以实现数字变推力,推力分别是 k_1F,k_2F,k_3F。则可以得

$$\begin{cases} k_1 0+k_2(-nF\cos\theta+mF\sin\theta)+k_3(nF\cos\theta-mF\sin\theta)=M_{\mathrm{rcs},x} \\ k_1 0+k_2 lF\cos\theta+k_3 lF\cos\theta=M_{\mathrm{rcs},y} \\ -k_1 lF-k_2 lF\sin\theta+k_3 lF\sin\theta=M_{\mathrm{rcs},z} \end{cases} \tag{8.5}$$

公式(8.5)可以化为

$$\begin{pmatrix} 0 & -nF\cos\theta+mF\sin\theta & nF\cos\theta-mF\sin\theta \\ 0 & lF\cos\theta & lF\cos\theta \\ -lF & -lF\sin\theta & lF\sin\theta \end{pmatrix}\begin{pmatrix} k_1 \\ k_2 \\ k_3 \end{pmatrix}=\begin{pmatrix} M_{\mathrm{rcs},x} \\ M_{\mathrm{rcs},y} \\ M_{\mathrm{rcs},z} \end{pmatrix} \tag{8.6}$$

根据方程组有解的条件(系数矩阵的秩与增广矩阵的秩相同)来判断(8.6)是否有解。系数矩阵的秩是 2,而增广矩阵的秩是 3,因此该方程组是无解的。即是说 3 推力器 RCS 布局时,无法实现对 3 通道姿态的有效控制。因此 3 推力器 RCS 布局不可行。

8.3.2　高超声速飞行器反作用控制系统四推力器配置反作用控制设计

同样考虑到 RCS 的对称布局,斜向推力器必然是偶数个,则 4 个推力器的 RCS 布局只有如图 8-2 所示的三种情况。

对于图 8-2 中第二种布局(图 8-2 中间的 RCS 布局),因为无法产生负俯仰力矩,因此无法实现对攻角的控制,所以在此不多做分析。

对于图 8-2 中第一种布局,用与 8.2.1 小节同样的方法可获得其方程组,如下式所示。

$$\begin{pmatrix} 0 & 0 & -nF\cos\theta+mF\sin\theta & nF\cos\theta-mF\sin\theta \\ 0 & 0 & lF\cos\theta & lF\cos\theta \\ -lF & lF & -lF\sin\theta & lF\sin\theta \end{pmatrix}\begin{pmatrix} k_1 \\ k_2 \\ k_3 \\ k_4 \end{pmatrix}=\begin{pmatrix} M_{\mathrm{rcs},x} \\ M_{\mathrm{rcs},y} \\ M_{\mathrm{rcs},z} \end{pmatrix} \tag{8.7}$$

同样,其系数矩阵的秩为 2,增广矩阵的秩为 3,此时方程组无解,所以图 8-2 中第一种 RCS 布局也不可行。

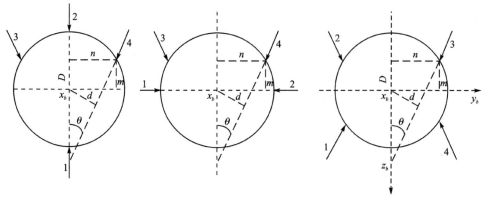

图 8-2　高超声速飞行器再入段 RCS 的四推力器布局

对于图 8-2 中第三种布局,其各个推力器在各轴上的分力矩如下表所列。

表 8-2　四推力器 RCS 布局时推力器在各轴的力矩分量

喷管序号	X 轴力矩(滚转力矩)	Y 轴力矩(俯仰力矩)	Z 轴力矩(偏航力矩)
1	$nF\cos\theta - mF\sin\theta$	$-lF\cos\theta$	$-lF\sin\theta$
2	$-nF\cos\theta + mF\sin\theta$	$lF\cos\theta$	$-lF\sin\theta$
3	$nF\cos\theta - mF\sin\theta$	$lF\cos\theta$	$lF\sin\theta$
4	$-nF\cos\theta + mF\sin\theta$	$-lF\cos\theta$	$lF\sin\theta$

同样假设指令力矩为 $\boldsymbol{M}_{rcs}$,四个推力器均可以实现完美数字变推力,推力分别是 k_1F,k_2F,k_3F,$k_4F(k_i \geqslant 0)$。则有:

$$
\begin{cases}
k_1 - k_2 + k_3 - k_4 = \dfrac{M_{rcs,x}}{F(n\cos\theta - m\sin\theta)} \\[3mm]
-k_1 + k_2 + k_3 - k_4 = \dfrac{M_{rcs,y}}{lF\cos\theta} \\[3mm]
-k_1 - k_2 + k_3 + k_4 = \dfrac{M_{rcs,z}}{lF\sin\theta}
\end{cases}
, \quad (k_i \geqslant 0) \tag{8.8}
$$

不考虑 k_i 取值范围时,该方程组有解,解为

$$
\begin{cases}
k_1 = \dfrac{M_{rcs,x}}{2F(n\cos\theta - m\sin\theta)} - \dfrac{M_{rcs,z}}{2lF\sin\theta} + k_4 \\[3mm]
k_2 = \dfrac{M_{rcs,y}}{2lF\cos\theta} - \dfrac{M_{rcs,z}}{2lF\sin\theta} + k_4 \\[3mm]
k_3 = \dfrac{M_{rcs,x}}{2F(n\cos\theta - m\sin\theta)} + \dfrac{M_{rcs,y}}{2lF\cos\theta} + k_4
\end{cases}
\tag{8.9}
$$

只要 k_4 足够大,则可以保证 k_1,k_2,$k_3 \geqslant 0$,则此时的 RCS 布局方式是可行的。但是如果 k_4 太大,在用调制实现推力器的数字变推力时会出现饱和的现象,宏观表现为系统的快速性降低。而且这种布局推力器之间的能量对冲很大,会加剧燃料的消耗。

8.3.3　高超声速飞行器反作用控制系统五推力器配置反作用控制设计

考虑 RCS 对称的布局方式,5 推力器 RCS 布局只有图 8-3 中的两种可能。对于图 8-3 中第一种 RCS 布局,因为比 4 推力器 RCS 的可行布局(第三种 4 推力器 RCS 布局)只多了 5 号喷管,所以这种 RCS 布局对于姿态的控制一定也是可行的。因此本小节重点研究图 8-3 中的第二种布局方式(图 8-3 右侧的布局方式)。

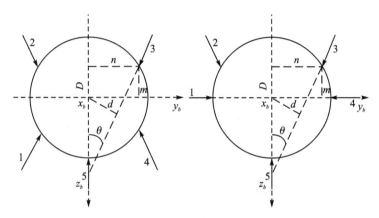

图 8-3　高超声速飞行器再入段 RCS 的五推力器布局

第二种 5 推力器 RCS 布局时(图 8-3 右侧布局)各个推力器在三轴上的力矩分量如表 8-3 所列。

表 8-3　第二种五推力器 RCS 布局时推力器在各轴的力矩分量

喷管序号	X 轴力矩(滚转力矩)	Y 轴力矩(俯仰力矩)	Z 轴力矩(偏航力矩)
1	0	0	$-lF\sin\theta$
2	$-nF\cos\theta+mF\sin\theta$	$lF\cos\theta$	$-lF\sin\theta$
3	$nF\cos\theta-mF\sin\theta$	$lF\cos\theta$	$lF\sin\theta$
4	0	0	$lF\sin\theta$
5	0	$-lF\cos\theta$	0

同样假设指令力矩为 $\boldsymbol{M}_{\mathrm{rcs}}$,五个推力器均可以实现完美数字变推力,推力分别是 k_1F,k_2F,k_3F,k_4F,k_5F($k_i\geqslant0,i=1,2,3,4,5$),则有

$$\begin{pmatrix} 0 & -1 & 1 & 0 & 0 \\ 0 & 1 & 1 & 0 & -1 \\ -1 & -1 & 1 & 1 & 0 \end{pmatrix}\begin{pmatrix} k_1 \\ k_2 \\ k_3 \\ k_4 \\ k_5 \end{pmatrix} = \begin{pmatrix} \dfrac{M_{\mathrm{rcs},x}}{Fn\cos\theta-m\sin\theta} \\[2mm] \dfrac{M_{\mathrm{rcs},y}}{lF\cos\theta} \\[2mm] \dfrac{M_{\mathrm{rcs},z}}{lF\sin\theta} \end{pmatrix} \tag{8.10}$$

不考虑 k_i 取值范围时,该方程组有解。解为

$$
\begin{cases}
k_1 = \dfrac{M_{\text{rcs},x}}{Fn\cos\theta - m\sin\theta} + \dfrac{M_{\text{rcs},z}}{lF\sin\theta} + k_4 \\[3mm]
k_2 = -\dfrac{M_{\text{rcs},x}}{2F(n\cos\theta - m\sin\theta)} + \dfrac{M_{\text{rcs},y}}{2lF\cos\theta} + \dfrac{k_5}{2} \\[3mm]
k_3 = \dfrac{M_{\text{rcs},x}}{2F(n\cos\theta - m\sin\theta)} + \dfrac{M_{\text{rcs},y}}{2lF\cos\theta} + \dfrac{k_5}{2} \\[3mm]
k_4 = k_4 \\[2mm]
k_5 = k_5
\end{cases}
\tag{8.11}
$$

在实际解算时需要保证每个推力系数的非负性,且每个系数取值不能太大(系数太大意味着较大的能量对冲以及可能带来控制的延时),这给运算带来了复杂和不便。由上式可知,在一定的条件下,仅用 3 个推力器就可以实现对三轴的姿态控制。因此将第二种五推力器 RCS 布局的喷气逻辑如表 8-4 所列。

表 8-4　第二种五推力器 RCS 布局时的喷气逻辑

编　号	各轴力矩(按照 X,Y,Z 顺序)			可能的推力器组合	备　注
1	+	+	+	(3,5,1)(3,5,4)(3,2,1)(3,2,4)	先用 3 号推力器满足正滚转力矩,其他的推力器用来满足俯仰和偏航力矩。这四种组合都有一定的适用范围。需要根据实际情况来进行选择
2	+	+	−	(3,5,1)(3,2,1)	根据 3 号推力器满足滚转所带来的俯仰力矩的大小来选择使用哪种组合
3	+	−	+	(3,5,1)(3,5,4)	根据 3 号推力器满足滚转所带来的偏航力矩选择哪种组合
4	+	−	−	(3,5,1)	仅此一种组合方式
5	−	+	+	(2,5,4)(2,3,4)	根据 2 号推力器满足滚转所带来的俯仰力矩的大小来选择使用哪种组合
6	−	+	−	(2,5,1)(2,5,4)(2,3,1)(2,3,4)	滚转力矩靠 2 号推力器满足,再根据 2 号推力器带来的俯仰和偏航力矩与指令力矩的对比关系选择喷气逻辑
7	−	−	+	(2,5,4)	仅此一种组合方式
8	−	−	−	(2,5,1)(2,5,4)	根据 2 号推力器满足滚转所带来的偏航力矩的大小来选择使用哪种组合

以三轴指令力矩全正(+ + +)为例对表 8-4 进行解释。假设每个推力器都可以实现理想的数字变推力,三轴指令力矩为 $M_{c,x}$,$M_{c,y}$,$M_{c,z}$,$i(i=1、2、3、4、5)$ 号推力器带来的三轴力矩为 $M_{i,x}$,$M_{i,y}$,$M_{i,z}$。因为只有 3 号推力器才能提供正向滚转力

矩,所以首先令 $M_{3,x}=M_{c,x}$。则有以下两种情况: $M_{3,y}>M_{c,y}$ 或 $M_{3,y}<M_{c,y}$,相等的情况是种小概率事件且喷气逻辑简单在此不做讨论。针对上面两种情形进行接下来的讨论。首先,若 $M_{3,y}>M_{c,y}$,此时需要用 5 号推力器来抵消 3 号推力器带来的部分俯仰力矩,使得 $M_{3,y}+M_{5,y}=M_{c,y}$;而此时 3 号推力器带来的偏航力矩也存在两种可能,$M_{3,z}>M_{c,z}$ 或 $M_{3,z}<M_{c,z}$,当 $M_{3,z}>M_{c,z}$ 时,开启 1 号推力器,使得 $M_{3,z}+M_{1,z}=M_{c,z}$,当 $M_{3,z}<M_{c,z}$ 时,开启 4 号推力器,使得 $M_{3,z}+M_{4,z}=M_{c,z}$。接着,若 $M_{3,y}<M_{c,y}$,此时正俯仰力矩不足,需要开启 2 号推力器提供额外的正俯仰力矩,但是 2 号推力器会抵消部分由 3 号推力器带来的滚转和偏航力矩,因此 3 号推力器的推力要加大,增量为 2 号提供的推力,因为对称安装的缘故,此时 2、3 号推力器的组合只增大了正向的俯仰力矩,使俯仰力矩满足了要求,对于偏航力矩的讨论则与第一种情况相同。现将对于表 8-4 中三轴指令力矩全正情形时对喷气逻辑的解释汇总成表,如表 8-5 所列。

表 8-5　对三轴指令力矩全为正时喷气逻辑的解释

情　形			解　释	喷气逻辑
$M_{3,x}=M_{c,x}$	$M_{3,y}>M_{c,y}$	$M_{3,z}>M_{c,z}$	开启 5 号推力和 1 号推力器使得 $M_{3,y}+M_{5,y}=M_{c,y}$ $M_{3,z}+M_{1,z}=M_{c,z}$	(3,5,1)
		$M_{3,z}<M_{c,z}$	开启 5 号推力和 4 号推力器使得 $M_{3,y}+M_{5,y}=M_{c,y}$ $M_{3,z}+M_{4,z}=M_{c,z}$	(3,5,4)
	$M_{3,y}<M_{c,y}$	$M_{3,z}>M_{c,z}$	开启 2 号推力器,增大 3 号推力器推力, 开启 1 号推力器,使得 $M_{3,x}+M_{2,x}=M_{c,x}$ $M_{3,y}+M_{2,y}=M_{c,y}$ $M_{3,z}+M_{2,z}+M_{1,z}=M_{c,z}$	(3,2,1)
		$M_{3,z}<M_{c,z}$	开启 2 号推力器,增大 3 号推力器推力, 开启 4 号推力器,使得 $M_{3,x}+M_{2,x}=M_{c,x}$ $M_{3,y}+M_{2,y}=M_{c,y}$ $M_{3,z}+M_{2,z}+M_{4,z}=M_{c,z}$	(3,2,4)

　　结合表 8-4 与表 8-5 可以知道,5 推力器第二种布局可以实现高超声速飞行器再入过程中任意范围内的姿态控制。因为有 3 个推力器安装在轴线上,因此推力器之间的耦合相比第一种布局要小,换言之,第二种布局能更有效的减小推力器间的对冲、节省燃料。从表 8-4 可以看出,在力矩指令为(＋ － －)或者(－ － ＋)时,喷气逻辑都有且仅有一种选择,即是说第二种 RCS 布局任何一个推力器故障都可能会使

RCS 控制失效,因此这种 RCS 布局容错能力较差。而对于第一种布局,假如 5 号推力器开机故障,此时第一种布局就转变成了 4 推力器时的第三种 RCS 布局,此时RCS 仍然可以实现对飞行器的控制。

8.3.4　高超声速飞行器反作用控制系统六推力器配置反作用控制设计

本书研究的高超声速飞行器 RCS 的配置如图 2-2 RCS 推力器布局所示,是 8 推力器配置的。8 推力器虽然相对于很多其他的飞行器来说,冗余度已经降低,但是根据 RICARDO 的研究[43],针对三自由度的高超声速飞行器姿态控制系统,可以采用 5 推力器配置或 6 推力器配置的 RCS 来完成姿态稳定控制。

本章讨论了 6 推力器配置情况下的 RCS 的设计。由图 2-2 RCS 推力器布局所示,8 推力器配置中,有 4 个斜向推力器和 4 个轴向推力器。考虑到推力器安装的对称性,对 6 推力器布局中的 2 斜向推力器配置和 4 斜向推力器配置的布局进行设计与分析。

当采用二斜向推力器配置时,能完成三轴姿态控制的布局有以下两类情况。

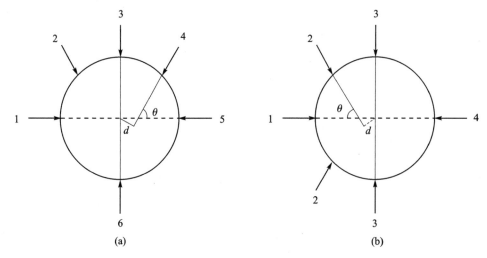

(a)　　　　　　　　　(b)

图 8-4　六推力器配置二斜向推力器布局设计

对于以上两种布局,每个推力器能够提供的力矩的轴向分解见表 8-6 和表 8-7。

表 8-6　布局 a 中推力器力矩轴向分解

推力器编号	X 轴(滚转力矩)	Y 轴(偏航力矩)	Z 轴(俯仰力矩)
1	0	$F \cdot l$	0
2	$-F \cdot d$	$F \cdot l \cdot \cos \theta$	$F \cdot l \cdot \sin \theta$
3	0	0	$F \cdot l$

续表 8 - 6

推力器编号	X 轴（滚转力矩）	Y 轴（偏航力矩）	Z 轴（俯仰力矩）
4	$F \cdot d$	$-F \cdot l \cdot \cos \theta$	$F \cdot l \cdot \sin \theta$
5	0	$-F \cdot l$	0
6	0	0	$-F \cdot l$

表 8 - 7　布局 b 中推力器力矩轴向分解

推力器编号	X 轴（滚转力矩）	Y 轴（偏航力矩）	Z 轴（俯仰力矩）
1	0	$F \cdot l$	0
2	$F \cdot d$	$F \cdot l \cdot \cos \theta$	$-F \cdot l \cdot \sin \theta$
3	0	0	$-F \cdot l$
4	0	$-F \cdot l$	0
5	0	0	$F \cdot l$
6	$-F \cdot d$	$F \cdot l \cdot \cos \theta$	$F \cdot l \cdot \sin \theta$

由此可见以上两种布局，能够完成三轴姿态控制力矩的提供。

当采用四斜向推力器配置时，能完成三轴姿态控制的布局有以下两类情况。

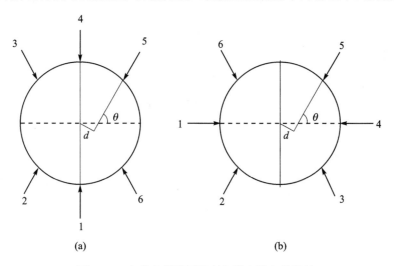

图 8 - 5　六推力器配置四斜向推力器布局设计

对于以上两种布局，每个推力器能够提供的力矩的轴向分解如表 8 - 8～表 8 - 9 所列。

表 8-8   布局 a 推力器力矩轴向分解

推力器编号	X 轴（滚转力矩）	Y 轴（偏航力矩）	Z 轴（俯仰力矩）
1	0	0	$-F \cdot l$
2	$F \cdot d$	$F \cdot l \cdot \cos \theta$	$-F \cdot l \cdot \sin \theta$
3	$-F \cdot d$	$F \cdot l \cdot \cos\theta$	$F \cdot l \cdot \sin \theta$
4	0	0	$F \cdot l$
5	$F \cdot d$	$-F \cdot l \cdot \cos \theta$	$F \cdot l \cdot \sin \theta$
6	$-F \cdot d$	$-F \cdot l \cdot \cos \theta$	$-F \cdot l \cdot \sin\theta$

表 8-9   布局 b 推力器力矩轴向分解

推力器编号	X 轴（滚转力矩）	Y 轴（偏航力矩）	Z 轴（俯仰力矩）
1	0	$F \cdot l$	0
2	$F \cdot d$	$F \cdot l \cdot \cos \theta$	$-F \cdot l \cdot \sin \theta$
3	0	0	$F \cdot l$
4	0	$-F \cdot l$	0
5	$F \cdot d$	$-F \cdot l \cdot \cos \theta$	$F \cdot l \cdot \sin \theta$
6	$-F \cdot d$	$F \cdot l \cdot \cos \theta$	$F \cdot l \cdot \sin \theta$

以上进行了对于 6 推力器配置 RCS 的布局分析和设计。

8.4   本章小结

本章主要介绍高超声速飞行器 RCS 配置优化设计方法,配置优化可以降低推力器的数量,减少装载的燃料,能够降低飞行成本,增加飞行器的有效载荷量,提高飞行器燃耗的利用率。并进行了 3、4、5、6 推力器配置 RCS 的分析。

参 考 文 献

[1] 蔡国飙，徐大军. 高超声速飞行器技术[M]. 北京：科学出版社，2012.

[2] 薛永江，李体方. 临近空间飞行器发展及关键技术分析[J]. 飞航导弹，2011，(2)：32-36.

[3] Pickering W. H. Missiles，Rockets，and Space Flight[J]. Electrical Engineering，2013，78(5)：449-459.

[4] Chavez F. R.，Schmidt D. K. Analytical Aeropropulsive-Aeroelastic Hypersonic Vehicle Model with Dynamic Analysis[J]. Journal of Guidance Control Dynamics，1994，17(6)：1308-1319.

[5] Fiorentini L.，Serrani A. Adaptive Restricted Trajectory Tracking for a Non-Minimum Phase Hypersonic Vehicle Model[J]. Automatica，2012，48(7)：1248-1261.

[6] Xu B.，Wang D.，Zhang Y.，et al. DOB-Based Neural Control of Flexible Hypersonic Flight Vehicle Considering Wind Effects[J]. IEEE Transactions on Industrial Electronics，2017，64(11)：8676-8685.

[7] Basin M. V.，Yu P.，Shtessel Y. B. Hypersonic Missile Adaptive Sliding Mode Control Using Finite- and Fixed-Time Observers[J]. IEEE Transactions on Industrial Electronics，2017，65(1)：930-941.

[8] 刘军，黄一敏，孙春贞，等. 高速飞行器再入段 RCS 姿态控制[J]. 兵工自动化，2014(3)：47-50.

[9] 宁国栋，张曙光，方振平. 跨大气层飞行器再入段 RCS 控制特性[J]. 飞行力学，2005(3)：16-20.

[10] Shaughnessy J D, Pinckney S Z, Mcminn J D, et al. Hypersonic vehicle simulation model：winged-cone configuration[J]. An Overview of An Experimental Demonstration Aerotow Program，1990，16(1).

[11] Shahriar Keshmiri，Richard Colgren，Maj Mirmirani. Development of an aerodynamic database for a generic hypersonic air vehicle[C]. AIAA Guidance，Navigation，and Control Conference. IEEE，2005：1-21.

[12] 孙长银，穆朝絮，张瑞民. 高超声速飞行器终端滑模控制技术[M]. 北京：科学

出版社,2014.

[13] Wang J, Sundararajan N. A nonlinear flight controller design for aircraft[J]. Control Engineering Practice, 1995, 3(6):813-825.

[14] 刘兴堂. 导弹制导控制系统分析、设计与仿真[M]. 西安:西北工业大学出版社, 2006.

[15] 李新国,方群. 有翼导弹飞行动力学[M]. 西安:西北工业大学出版社,2005.

[16] Qi N, Zhou Q, Qin C. The six DOF model of hypersonic vehicle and coupling characterization analysis[J]. Journal of Projectiles Rockets Missiles & Guidance, 2012, 32:49-52.

[17] 陈新华,朱定一.运载火箭姿态控制发动机故障诊断方法研究[J].指挥技术学院学报, 2000(03):20-24.

[18] 张如飞, 周军, 于晓洲. 基于 Maksimov 算法的航天器姿态控制推力器故障诊断[J]. 振动.测试与诊断, 2010(04):409-413.

[19] 赵万里, 郭迎清, 杨菁,等. 液体火箭发动机故障诊断器设计及其 HIL 验证[J]. 北京航空航天大学学报, 2019, 45(10):1995-2002.

[20] 宋佳,张严雪.基于改进再分配伪逆法的高速飞行器 RCS 控制分配设计[J/OL].郑州大学学报(理学版):1-7[2021-04-29]. https://doi.org/10.13705/j.issn.1671-6841.2020259.

[21] Martel F. Optimal 6 axis command of a space vehicle with a precomputed thruster selection catalogue table [C] proceedings of the Proceedings of the 18th International Symposium on Space Flight Dynamics, F, 2004.

[22] Wang M, Xie Y. Design of the optimal thruster combinations table for the real time control allocation of spacecraft thrusters [C] proceedings of the Proceedings of the 48h IEEE Conference on Decision and Control (CDC) held jointly with 2009 28th Chinese Control Conference, F, 2009. IEEE.

[23] 王敏,解永春. 考虑推力器推力上界及故障情况的航天器实时指令分配最优查表法 [J]. 宇航学报, 2010, 31(6): 1540-6.

[24] Bordignon K A. Constrained control allocation for systems with redundant control effectors [D]; Virginia Tech, 1996.

[25] Tohidi S S, Khaki Sedigh A, Buzorgnia D. Fault tolerant control design using adaptive control allocation based on the pseudo inverse along the null space [J]. International Journal of Robust and Nonlinear Control, 2016, 26(16): 3541-57.

[26] Ma C, Liu C, Yao J. Fault tolerant control using integral sliding modes with control allocation along the null-space [J]. Transactions of the Institute of Measurement and Control, 2020, 0142331220904570.

[27] Guangxue Y，Zhaoying L，Huifeng L. A RLV nonlinear optimal compound controller design [C] proceedings of the Proceeding of the 11th World Congress on Intelligent Control and Automation，F，2014. IEEE.

[28] 许域菲. 近空间飞行器非线性容错控制技术研究[D]. 南京:南京航空航天大学，2011.

[29] 黄喜元，王青，后德龙，等. 基于模型参考自适应的高超声速飞行器容错控制[J]. 南京航空航天大学学报，2011(S1):50-54.

[30] 宋超，赵国荣，刘旭. 高超声速飞行器的自适应容错控制[J]. 固体火箭技术，2012，35(5):593-596.

[31] Sun H.，Li S.，Sun C. Adaptive Fault-Tolerant Controller Design for Air-breathing Hypersonic Vehicle with Input Saturation[J]. Journal of Systems Engineering and Electronics，2013(3):488-499.

[32] Chen J.，Lin Y.，Pan C. P. Hypersonic Aircraft Nonlinear Fault-Tolerant Controller Design [J]. Applied Mechanics & Materials，2014，494-495:1056-1059.

[33] Chen F.，Wang Z.，Tao G.，et al. Robust Adaptive Fault-Tolerant Control for Hypersonic Flight Vehicles with Multiple Faults[J]. Journal of Aerospace Engineering，2015，28(4):04014111. 1-04014111. 10.

[34] He J.，Qi R. Y.，Jiang B.，et al. Fault-Tolerant Control with Mixed Aerodynamic Surfaces and RCS Jets for Hypersonic Reentry Vehicles[J]. Chinese Journal of Aeronautics，2017，30(2):780-795.

[35] Lai G. Y.，Wen C. Y.，Liu Z.，et al. Adaptive Compensation for Infinite Number of Actuator Failures/Faults Using Output Feedback Control[J]. Information Sciences，2017，399:1-12.

[36] Hao A.，Wu Q.，Wang C. Y.，et al. Simplified Fault-Tolerant Adaptive Control of Air-Breathing Hypersonic Vehicles [J]. Aerospace Science and Technology，2018，82-83:312-322.

[37] Sun J. G.，Li C. M.，Guo Y.，et al. Adaptive Fault Tolerant Control for Hypersonic Vehicle with Input Saturation and State Constraints[J]. Acta Astronautica，2019，167: 302-313.

[38] Song J，Hao C，Zhang Y，et al. Double-loop sliding mode control of reentry hypersonic vehicle with RCS[C]//2019 IEEE 15th International Conference on Control and Automation (ICCA). IEEE，2019: 109-114.

[39] Song J，Zhang Y，Weng H，et al. Discrete Sliding Mode Tracking Control of Hypersonic Vehicle under Incomplete Data Transmission[C]//2020 International Conference on Unmanned Aircraft Systems (ICUAS). IEEE，2020:

339-347.

[40] Sun H., Li S., Sun C. Robust Adaptive Integral-Sliding-Mode Fault-Tolerant Control for Airbreathing Hypersonic Vehicles[J]. Proceedings of the Institution of Mechanical Engineers Part I Journal of Systems & Control Engineering, 2012, 226(10):1344-1355.

[41] Zhao J., Jiang B., Shi P. Fault Tolerant Control Design for Near Space Vehicles Based on Dynamic Terminal Sliding Mode Technique[J]. Proceedings of the Institution of Mechanical Engineers Part I: Journal of Systems and Control Engineering, 2012, 226(6): 787-794.

[42] Meng Y., Jiang B., Qi R. Y., et al. Fault-Tolerant Anti-Windup Control for Hypersonic Vehicles in Reentry Based on ISMDO[J]. Journal of the Franklin Institute, 2017, 355(5):2067-2090.

[43] Zhai R., Qi R. Y., Zhang J. Compound Fault-Tolerant Attitude Control for Hypersonic Vehicle with Reaction Control Systems in Reentry Phase[J]. ISA Transactions, 2019: 123-137.

[44] Yu X., Li P., Zhang Y. The Design of Fixed-Time Observer and Finite-Time Fault-Tolerant Control for Hypersonic Gliding Vehicles[J]. IEEE Transactions on Industrial Electronics, 2018, 65(5):4135-4144.

[45] 赵宏宇, 黄得刚, 章卫国. 临近空间高动态飞行器控制技术研究综述[J]. 飞航导弹, 2018, 399(3):32-40.

[46] Qian J., Qi R. Y., Jiang B. Fault-Tolerant Guidance and Control Design for Reentry Hypersonic Flight Vehicles Based on Control-Allocation Approach [C]. 2014 IEEE Chinese Guidance, Navigation and Control Conference. IEEE, 2014:1624-1629.

[47] Zhao S., Li X. Prescribed Performance Fault Tolerant Control for Hypersonic Flight Vehicles with Actuator Failures[J]. IEEE Access, 2019, 7: 100187-100204.

[48] Ji Y., Zhou H., Zong Q. Adaptive Active Fault-Tolerant Control of Generic Hypersonic Flight Vehicles[J]. Proceedings of the Institution of Mechanical Engineers Part I: Journal of Systems & Control Engineering, 2014, 229(I2): 130-138.

[49] 常晶, 周军. 一种基于时变干扰观测器的高超声速飞行器容错控制策略设计[J]. 控制与决策, 2018, 33(10):1893-1900.

[50] 黄鑫, 王婕, 马晓. 高超声速飞行器自适应故障估计与容错控制[J]. 控制工程, 2019, 10:1850-1856.

[51] 于进勇, 陈洁, 周绍磊, 等. 一类高超声速飞行器自适应容错控制器设计[J].

中国科学，2012，42(11):1391-1402.

[52] Xu B, Guo Y Y, Yuan Y, et al. Fault-Tolerant Control Using Command-Filtered Adaptive Back-Stepping Technique: Application to Hypersonic Longitudinal Flight Dynamics[J]. International Journal of Adaptive Control and Signal Processing, 2016, 30(4):553-577.

[53] Zhang X. Y., Zong Q., Dou L. Q., et al. Improved Finite-Time Command Filtered Backstepping Fault-Tolerant Control for Flexible Hypersonic Vehicle [J]. Journal of the Franklin Institute, 2020. DOI: 10. 1016/J. Jfranklin. 2020. 05. 017.

[54] Takagi T., Sugeno M. Fuzzy Identification of Systems and Its Application to Modeling and Control[J]. IEEE Transactions on Systems, Man and Cybernatics, 1985, 15(1):116-132.

[55] Cao S. G., Rees N. W., Feng G. Analysis and Design for a Class of Complex Control Systems Part I: Fuzzy Modelling and Identification[J]. Automatica, 1997, 33(6):1029-1039.

[56] Gao Z., Jiang B., Shi P., et al. Fault-Tolerant Control for a Near Space Vehicle with a Stuck Actuator Fault Based on a Takagi – Sugeno Fuzzy Model [J]. Proceedings of the Institution of Mechanical Engineers Part I Journal of Systems & Control Engineering, 2010, 224(5):587-598.

[57] Qi R. Y., Tao G., Jiang B., et al. Adaptive Control Schemes for Discrete-Time T-S Fuzzy Systems with Unknown Parameters and Actuator Failures [J]. IEEE Transactions on Fuzzy Systems, 2012,20(3): 471-486.

[58] 高科,宋佳,艾绍洁,刘羿杰.高超声速飞行器再入段 LQR 自抗扰控制方法设计 [J].宇航学报,2020,41(11):1418-1423.

[59] 徐颖珊,孙明玮. 自抗扰控制在飞航导弹上的应用背景研究[J]. 战术导弹控制技术, 2008, 30(2):8-11.

[60] 杨瑞光,孙明玮,陈增强. 飞行器自抗扰姿态控制优化与仿真研究[J]. 系统仿真学报, 2010, 22(11):2689-2693.

[61] 孙明玮,焦纲领,杨瑞光,等. 滑翔飞行器阻力-能量剖面的自抗扰跟踪[C]. 中国控制会议. IEEE, 2010:3260-3264.

[62] 孙明玮,徐琦,陈增强,等. 自抗扰三回路过载驾驶仪的设计[J]. 北京理工大学学报, 2015, 35(6):592-596.

[63] Wu Q. X., Sun M. W., Wang Z. H., et al. Practical Solution to Efficient Flight Path Control for Hypersonic Vehicle[J]. Transactions of the Japan Society for Aeronautical and Space Sciences, 2016, 59(4):195-204.

[64] 刘晓东,黄万伟,禹春梅. 含扩张状态观测器的高超声速飞行器动态面姿态控

制[J]. 宇航学报，2015，36(8):916-922.

[65] 杨文骏，张科，王佩. 含 LESO 的高超声速飞行器动态面控制[J]. 宇航学报，2017，38(8):830-838.

[66] 熊治国，孙秀霞，胡孟权. 超机动飞机自抗扰控制律设计与仿真[J]. 系统仿真学报，2006，18(8):2222-2226.

[67] 陈新龙，杨涤，耿斌斌. 自抗扰控制技术在某型导弹上的应用[J]. 飞行力学，2006，24(1):81-84.

[68] 秦昌茂，齐乃明，吕瑞，等. 高超声速飞行器自抗扰分数阶 PID 控制器设计[J]. 南京航空航天大学学报(英文版)，2011(03):240-245.

[69] Zhao K.，Zhang J.，Ma D.，et al. Composite Disturbance Rejection Attitude Control for Quadrotor with Unknown Disturbance[J]. IEEE Transactions on Industrial Electronics，2019，67(8)：6894-6903.

[70] Talole S. E.，Godbole A. A.，Kolhe J. P. Robust Roll Autopilot Design for Tactical Missiles[J]. Journal of Guidance，Control，and Dynamics，2011，34(1):107-117.

[71] Godbole A. A.，Libin T. R.，Talole S. E. Extended State Observer-Based Robust Pitch Autopilot Design for Tactical Missiles[J]. Proceedings of the Institution of Mechanical Engineers，Part G：Journal of Aerospace Engineering，2012，226(12):1482-1501.

[72] Priyamvada K. S.，Olikal V.，Talole S. E，et al. Robust Height Control System Design for Seaskimming Missiles[J]. Journal of Guidance，Control，and Dynamics，2011，34:1746-1756.

[73] Song J.，Wang L.，Cai G. B.，et al. Nonlinear Fractional Order Proportion-Integral-Derivative Active Disturbance Rejection Control Method Design for Hypersonic Vehicle Attitude Control[J]. Acta Astronautica，2015，111：160-169.

[74] Song J.，Lin J. M.，Wang L.，et al. Nonlinear FOPID and Active Disturbance Rejection Hypersonic Vehicle Control Based on DEM Biogeography[J]. Journal of Aerospace Engineering，2017，30(6):04017079. 1-04017079. 10.

[75] Gao K.，Song J.，Wang X.，et al. Fractional-Order Proportional-Integral-Derivative Linear Active Disturbance Rejection Control Design and Parameter Optimization for Hypersonic Vehicles with Actuator Faults[J]. Tsinghua Science and Technology，2020，26(1):9-23.

[76] Song J.，Gao K.，Wang L.，et al. Comparison of Linear and Nonlinear Active Disturbance Rejection Control Method for Hypersonic Vehicle[C]. The 35th Chinese Control Conference. IEEE，2016：10759-10764.

[77] Liu N，Cao S，Fei J. Fractional-Order PID Controller for Active Power Filter Using Active Disturbance Rejection Control[J]. Mathematical Problems in Engineering，2019，2019:1-10.

[78] Fang H. Q. ，Yuan X. J. ，Liu P. Active-Disturbance-Rejection-Control and Fractional-Order-Proportional-Integral-Derivative Hybrid Control for Hydro-turbine Speed Governor System[J]. Measurement & Control，2018，51(5-6)：192-201.

[79] Erenturk K. Fractional-Order PID and Active Disturbance Rejection Control of Nonlinear Two-Mass Drive System[J]. IEEE Transactions on Industrial E-lectronics，2013，60(9):3806-3813.

[80] 刘红艳，周彦，母三民. 分数阶模糊自抗扰的机器人手臂跟踪控制[J]. 控制工程，2019，26(5):892-897.

[81] Gao G. ，Wang J. Observer-Based Fault-Tolerant Control for an Air-Breathing Hypersonic Vehicle Model[J]. Nonlinear Dynamics，2014，76（1）：409-430.

[82] He J. ，Qi R. Y. ，Jiang B. ，et al. Adaptive Output Feedback Fault-Tolerant Control Design for Hypersonic Flight Vehicles[J]. Journal of the Franklin In-stitute，2015，352(5):1811-1835.

[83] 胡超芳，陶晔，高志飞，等. 基于预测控制的高超声速飞行器容错控制器设计[J]. 控制与决策，2017，32(011):2085-2089.

[84] 徐斌彦，齐瑞云，姚雪莲. 高超声速飞行器舵面故障 Nussbaum 增益自适应容错控制[J]. 战术导弹技术，2017(4):103-112.

[85] 李传明，孙经广. 基于非线性函数的高超声速飞行器容错控制[J]. 航空兵器，2019，26(3)：10-18.

[86] Sun J. G. ，Song S. M. ，Wu G. Q. Fault-Tolerant Track Control of Hyperson-ic Vehicle Based on Fast Terminal Sliding Mode[J]. Journal of Spacecraft & Rockets，2017，54(6)：1304-1316.

[87] Li H. Y. ，Si Y. L. ，Wu L. G. ，et al. Fault-Tolerant Output Tracking Control for a Flexible Air-Breathing Hypersonic Vehicle[C]. The 3rd International Symposium on Systems and Control in Aeronautics and Astronautics. IEEE，2010：1059-1064.

[88] 彭程，王新民，谢蓉，等. 考虑系统不确定性的高超声速飞行器容错控制[J]. 北京航空航天大学学报，2016，(7):1414-1421.

[89] 胡超芳，高志飞，刘运兵，等. 高超声速飞行器模糊自适应动态面容错控制[J]. 天津大学学报，2017，50(5):491-499.

[90] Niu J，Chen F，Tao G. Nonlinear Fuzzy Fault-Tolerant Control of Hyperson-

ic Flight Vehicle with Parametric Uncertainty and Actuator Fault[J]. Nonlinear Dynamics，2018，92：1299-1315.

[91] Xu Y.，Jiang B.，Tao G.，et al. Fault Tolerant Control for a Class of Nonlinear Systems with Application to Near Space Vehicle[J]. Circuits System Signal Process，2011，30：655-672.

[92] Zhai R.，Qi R. Y.，Jiang B. Adaptive Sliding Mode Fault-Tolerant Control for Hypersonic Vehicle Based on Radial Basis Function Neural Networks[J]. International Journal of Advanced Robotic Systems，2017，14(3)：1-11.

[93] Cheng Z.，Chen F.，Niu J. Quasi-Continuous High-Order Sliding Mode Control-Based Fault-Tolerant Control for Hypersonic Flight Vehicle Via Neural Network Observer[J]. Proceedings of the Institution of Mechanical Engineers，2019，233(5)：1784-1800.

[94] Yu Y.，Wang H.，Li N. Fault-Tolerant Control for Over-Actuated Hypersonic Reentry Vehicle Subject to Multiple Disturbances and Actuator Faults [J]. Aerospace Science and Technology，2019，87(APR.)：230-243.

[95] Han J. Q. From PID to Active Disturbance Rejection Control[J]. IEEE Transactions on Industrial Electronics，2009，56(3)：900-906.

[96] 谢梦雷，魏先利，王欢. 基于自抗扰的无人飞行器舵面损伤被动容错控制[J]. 战术导弹技术，2017，6：83-88.

[97] Podlubny I. Fractional Differential Equations[M]. New York：Academic Press，1999.

[98] Podlubny I. Geometrical and Physical Interpretation of Fractional Integration and Fractional. Differentiation[J]. Fractional Calculus & Applied Analysis，2002，5(4)：357-366.

[99] 齐乃明，秦昌茂，宋志国. 分数阶 $PI^\lambda D^\mu$ 在高超声速飞行器姿态控制中的应用展望[J]. 航天控制，2010，28(5)：93-98.

[100] 彭军. 最优分数阶 PID 控制器的设计与研究[D]. 沈阳：东北大学，2009.

[101] 秦昌茂. 高超声速飞行器分数阶 PID 及自抗扰控制研究[D]. 哈尔滨：哈尔滨工业大学，2011.

[102] Wei Y.，Hu Y.，Song L.，et al. Tracking Differentiator Based Fractional Order Model Reference Adaptive Control：The $1 < \alpha < 2$ Case[C]. The IEEE Conference on Decision & Control. IEEE，2014：6902-6907.

[103] Kori D. K.，Kolhe J. P.，Talole S. E. Extended State Observer Based Robust Control of Wing Rock Motion[J]. Aerospace Science & Technology，2014，33(1)：107 - 117.

[104] RamÍRez-Neria M.，Sira-RamÍRez H.，Garrido-Moctezuma R.，et al. Line-

ar Active Disturbance Rejection Control of Underactuated Systems: The Case of the Furuta Pendulum[J]. Isa Transactions, 2014, 53(4):920-928.

[105] 黄一, 韩京清. 非线性二阶连续扩张状态观测器的分析与设计[J]. 科学通报, 2000, 45: 1373-1379.

[106] Huang Y., Wan H. Analysis and Design for The Third Order Nonlinear Continuous Extended States Observer[C]. The 19th Chinese Control Conference. IEEE, 2000:677-681.

[107] Huang Y., Wang J. Z., Shi D. W. On Convergence of Extended State Observers for Discrete-Time Nonlinear Systems[C]. The 34th Chinese Control Conference. IEEE, 2015:551-556.

[108] Yoo D., Yau S. T., Gao Z. On Convergence of the Linear Extended State Observer[C]. IEEE International Symposium on Computer Aided Control System Design, IEEE International Conference on Control Applications. IEEE, 2006: 1645-1650.

[109] Yang X. X., Huang Y. Capabilities of Extended State Observer for Estimating Uncertainties[C]. The American Control Conference. IEEE, 2009: 3700-3705.

[110] Slotine J. E., Li W. Applied Nonlinear Control[M]. Englewood Cliffs, NJ: Prentice-Hall. 1991.

[111] Gao Z. Q. Scaling and Bandwidth-Parameterization Based Controller Tuning [C]. The American Control Conference. IEEE, 2003. 4989-4996.

[112] 姜继海. 二次调节静液传动闭环位置系统和 PID 控制[J]. 工程机械, 2000, 31(5):26-29.

[113] 陈增强, 程赟, 孙明玮, 等. 线性自抗扰控制理论及工程应用的若干进展[J]. 信息与控制, 2017, 46(3): 257-266.

[114] Tian G., Gao Z. Frequency Response Analysis of Active Disturbance Rejection Based Control System[C]. IEEE International Conference on Control Applications. IEEE, 2007:1595-1599.

[115] Zheng Q., Gao L. Q., Gao Z. On Stability Analysis of Active Disturbance Rejection Control for Nonlinear Time-Varying Plants with Unknow Dynamics[C]. The 46th IEEE Conference on Decision and Control. IEEE, 2007: 3501-3506.

[116] 陈增强, 孙明玮, 杨瑞光. 线性自抗扰控制器的稳定性研究[J]. 自动化学报, 2013, 39(5): 574-580.

[117] Zhou W. K., Shao S., Gao Z. Q. A Stability Study of the Active Disturbance Rejection Control Problem By a Singular Perturbation Approach[J].

Applied Mathematical Sciences，2009，3(10)：491-508.

［118］Shao S. ，Gao Z. On the Conditions of Exponential Stability in Active Disturbance Rejection Control Based on Singular Perturbation Analysis[J]. International Journal of Control，2017，90(10)：2085-2097.

［119］Guo B. Z，Zhao Z. L. On Convergence of the Nonlinear Active Disturbance Rejection Control for MIMO Systems[J]. Siam Journal on Control and Optimization，2013，51:1727-1757.

［120］赵志良. 非线性自抗扰控制的收敛性[D]. 合肥:中国科学技术大学，2012.

［121］Guo B. Z. ，Zhou H. The Active Disturbance Rejection Control to Stabilization for Multi-Dimensional Wave Equation with Boundary Control Matched Disturbance[J]. IEEE Transactions on Automatic Control，2015，60(1)：143-157.

［122］Guo B. Z. ，Wu Z. H. ，Zhou H. C. Active Disturbance Rejection Control Approach to Output-Feedback Stabilization of a Class of Uncertain Nonlinear Systems Subject to Stochastic Disturbance[J]. IEEE Transactions on Automatic Control，2016，61(6):1613-1618.

［123］Feng H. ，Guo B. Z. A New Active Disturbance Rejection Control to Output Feedback Stabilization for a One-Dimensional Anti-Stable Wave Equation with Disturbance[J]. IEEE Transactions on Automatic Control，2017，62(8):3774-3787.

［124］Tan W. ，Fu C. Linear Active Disturbance-Rejection Control：Analysis and Tuning Via IMC[J]. IEEE Transactions on Industrial Electronics，2016，63(4):2350-2359.

［125］李向阳，高志强. 自抗扰控制中的不变性原理[J]. 控制理论与应用，2020：1-10.

［126］孙明玮. 高超声速飞行器自抗扰控制方法[M]. 北京:科学出版社，2018：21-23.

［127］Tian G. ，Gao Z. Q. Frequency Response Analysis of Active Disturbance Rejection Based Control System[C]. The IEEE 22nd International Symposium on Intelligent Control. IEEE，2007:1595-1599.

［128］袁东，马晓军，曾庆含，等. 二阶系统线性自抗扰控制器频带特性与参数配置研究[J]. 控制理论与应用，2013，30(12):1630-1640.

［129］Xue W. C. ，Huang Y. On Frequency-Domain Analysis of ADRC for Uncertain System [C]. The American Control Conference. IEEE，2013：6637-6642.

［130］Bode H. W. Network Analysis and Feedback Amplifier Design[M]. New York，NY，USA：Van Nostrand. 1945.

[131] Cruz J. B., Perkins W. R. A New Approach to the Sensitivity Problem in Multivariable Feedback System Design[J]. IEEE Transactions on Automatic Control, 1963, 9(3):216-223.

[132] Gao K, Song J, Yang E. Stability analysis of the high-order nonlinear extended state observers for a class of nonlinear control systems[J]. Transactions of the Institute of Measurement and Control, 2019, 41(15): 4370-4379.

[133] McClelland, Robert S. Spacecraft attitude control system performance using pulse-width pulse-frequency modulated thrusters[M]. California: Naval Postgraduate School, 1994.

[134] Tobin C. Anthony, Bong Wie. Pulse Modulated Control Synthesis for a Flexible Spacecraft[J]. Journal of Guidance Control & Dynamics, 1989, 13 (6): 1014-1022.

[135] Franco B Z. Multi—pulse—width modulated control of linear system[J]. Journal 0f GIlidance, control and Dynamics, 1998, 21(1): 64-78.

[136] 周林,蒋建文.PWM 控制器的控制方法[J].重庆邮电学院学报,2011,(增): 110-114.

[137] 程剑峰,黄一敏,孙春贞. 基于脉宽调制的 RCS 控制及稳定性研究[C]. 中国宇航学会中国空间法学会学术年会,2012.

[138] 周宇,黄一敏,孙春贞. 基于脉宽调制的反作用控制系统技术[J]. 太赫兹科学与电子信息学报, 2012 , 10 (4): 446-450.

[139] Paul G. Parry, Alex D. Golub, Dana M. Southwood. Orbital maneuvering vehicle attitude control system[C]. American Institute of Aeronautics and Astronautics, 1989-3604.

[140] Hao Jifei, Xing Qingqing, Zhang Lin. Simulation of PWM control system based on S-Function [J]. Electric Power Automation Equipment, 2007, 27 (1): 50-52.

[141] 陆艳辉,张曙光. 离散 RCS 的 PWPF 调制方式改进及混合控制逻辑设计[J]. 航空学报,2012, 33 (9): 1561-1570.

[142] T. Ueda, E. H. Dowell. Flutter Analysis Using Nonlinear Aerodynamic Forces[J]. Journal of Aircraft, 1984, 21(2): 101-109.

[143] 郭建国,张添保,周军,王国庆. 再入飞行器的 RCS 控制系统设计[J]. 固体火箭技术,2017, 40 (4): 511-516.

[144] Gu Yingsong, Yang Zhichun. Aeroelastic analy sis of an airfoil with a hysteresis non-linearity[C]. American Institute of Aeronautics and Astronautics, 2006.

［145］呼卫军，周军. 可重复使用运载器 RCS 修正脉冲调宽算法研究［J］. 弹箭与制导学报，2006，26(4)：313-316.

［146］王清，杨宝庆，马克茂. 一种优化 PWPF 调节器在动能拦截器末制导中的应用研究［J］. 宇航学报，2005，26 (5)：576-580.

［147］周红建，赵拥军，吴瑞林. PWPF 调节器在空间拦截器侧力控制中的应用［J］. 系统工程与电子技术，1997，(4)：9-12.

［148］Jia Song，Likun Bian. An Improvement of PWPF in Reaction Control System of Hypersonic Vehicle［C］. Haikou：15th Chinese Intelligent Systems Conference，October 26-27，2019.

［149］Jia Song，Likun Bian. An Improvement of PWPF in Reaction Control System of Hypersonic Vehicle［C］. Haikou：15th Chinese Intelligent Systems Conference，October 26-27，2019.

［150］TD Krovel. Optimal Tuning of PWPF Modulator for Attitude Control［M］. Norway University of Science and Technology，2005.

［151］Song G B，Nick V B，Agrawal B N. Spacecraft vibration reduction using pulse-width pulse-frequency modulated input shaper［J］. Journal of Guidance，Control，and Dynamics，1999，22(3)：433-440.